U0276759

谁持数学当空舞

——解读古今建筑之奥秘

梁 进 著

上海科学技术出版社

图书在版编目（ＣＩＰ）数据

谁持数学当空舞 ：解读古今建筑之奥秘 / 梁进著
. -- 上海 ： 上海科学技术出版社，2024.1
（砺智石丛书）
ISBN 978-7-5478-6358-9

Ⅰ．①谁… Ⅱ．①梁… Ⅲ．①数学－应用－建筑科学
Ⅳ．①TU12

中国国家版本馆CIP数据核字(2023)第197876号

谁持数学当空舞——解读古今建筑之奥秘
梁　进　著

上海世纪出版(集团)有限公司
上 海 科 学 技 术 出 版 社　出版、发行
(上海市闵行区号景路 159 弄 A 座 9F－10F)
邮政编码 201101　　　www.sstp.cn
浙江新华印刷技术有限公司印刷
开本 787×1092　1/16　印张 11
字数 100 千字
2024 年 1 月第 1 版　2024 年 1 月第 1 次印刷
ISBN 978－7－5478－6358－9/O・120
定价：78.00 元

前　言

自从人类从山洞里走出，开始走向文明，建筑就是一个自主地改善生活环境的重要标志。从那时起数学就和建筑分不开了。我们生活的物理空间是三维的，加上时间就是四维的。在数学上看来，我们每个人不过是这个时空中的一个可以移动的质点。不过，话这么说实在是太冷了。事实上，我们是有血有肉、有思想有感情的人。我们更有我们的衣食住行，有和大自然的关系，有我们的生存需求、生活环境、社会圈子和精神世界。那么这些都远超数学研究的范畴。然而，数学却是含蓄的，看似这些与数学关系不大的方方面面的背后却是数学在支撑着，特别是建筑，这包括人类为自己的各种活动所建造的各种房屋、桥梁和场所。建筑和数学的关系主要有三部分，一是外观，二是结构，三是布局管理。这三部分又是紧密联系的。外观不仅为了好看，也为了结构的牢固以及建材的节省。而结构、布局管理则更多地要用到数学计算，在今天人们有了计算机，就突破了传统外观的束缚，使得建筑成为艺术家们三维创作的舞台。当然建筑永远和文化、环境、历史分不开，所以讨论这个主题，一直是个大综合的问题。在这本书里，我们从建筑这个人类生存的基本支点和人情文化的重要角度谈谈数学的作用，看看数学是怎么在这个时空里长袖善舞的。

本书分为七章。在第一章，我们谈的是人类的伙伴是怎样解决居住问题的。这些看似低智的动物们有时也会造出充满数学意念的房屋。第二章里，我们从外观欣赏建筑的几何形状。而从建筑功能的内涵角度谈谈数学的作用在第三章里讨论。第四章中我们简单说说建筑中相关的力学、管理和系统方面的数学问题。这里，我们会遇到一些数学公式，我们希望尽量能把问题说清楚。但读者如果认为这些公式费解，也可以跳过这些公式，这并不影响进一步的阅读。相关建筑的一些优化问题我们放在了第五章。在第六章，我们展示了现代技术的发展在今天建筑上的推动作用，特别讨论了人工智能的兴起对现代建筑的影响，这里数学的作用功不可没。最后第七章我们一起欣赏一些建筑大师们的数学作品。

本书是一本面向大众的科普读物，阅读对象是有一定的数学基础并对建筑有一定兴趣的读者。作者希望通过这本书和读者进一步一起探讨数学和建筑的奥秘。

作　者

2023.8.14

目 录

第一章

动物建筑和仿生

> 朝旦微风吹晓霞，散为和气满家家。不知容貌潜消落，
> 且喜春光动物华。
>
> ——唐·皇甫曙

建筑的目的是为人们挡风遮雨、保障安全、休息乃至繁衍后代。这些诉求动物也有，所以动物的巢穴经常可见，五花八门，其中也有不少令人惊叹的数学杰作。事实上，在建筑方面，人们也常常从这些动物留在大自然的案例中找到自己的创作灵感，在这一章，我们来看看一些动物在建筑上的数学智慧和人类的学习成果。

蜂巢

> 密叶蜡蜂房，花下频来往。不知辛苦为谁甜，山月梅花上。
>
> ——宋·李石

蜂巢，也叫蜂窝，是蜂群生活和繁殖后代的处所，后来人们将其引申为像蜂窝似的多孔形状的物体，如蜂窝电话、蜂窝结构等。

图 1.1　蜂巢

蜂窝构造非常精巧，它由无数个大小相同的房孔组成，房孔都是正六边形，这些房孔紧密相连，中间只隔着一堵蜡制的墙，形成一群六边形棱柱的拼贴。棱柱截面的蜂蜡六边形边长相同，厚度及误差都很小，墙之间的角度正好是 120°，形成一个完美的正几何图形。这些六边形棱柱一端开口，另一端则是封闭的六角棱锥体的底。这些菱形两个钝角都是 109°28′，而两个锐角都是 70°32′。不可思议的是，全世界所有蜜蜂的蜂窝都是按照某位蜜蜂工程师的统一图纸建造成这个统一的角度和模式。这种蜂窝结构强度高，重量轻，宜于隔音隔热，使得蜂窝温度保持 35℃。而且建造这种结构非常节省材料。这种蜂窝形状不仅结构优美，更重要的是代表了最有效的建造成本，它是大自然最伟大的杰作之一。

华罗庚这样描绘蜂巢："如果把蜜蜂放大为人体的大小，蜂箱就成为一个二十公顷的密集市镇。当一道微弱的光线从这个市镇的一边射来时，人们可以看到是一排排五十层高的建筑物。在每一排建筑物上，整整齐齐地排列着薄墙围成的成千上万个正六角形的蜂房。"

事实上蜂窝的拼贴方式正是几何学的一个基本内容。如何应用相同的图形无缝拼贴，有很多数学原理。如果拼贴的图形只有一种，就被叫做一元拼贴，如果这图形还是正多边形或正多面体，则称为正规一元拼贴。自古以来，人们都对蜜蜂精心制作的存储系统的六边形图案感到惊讶。早在公元前，古罗马的学者就认为：蜜蜂的蜂巢之所以成六边形是为了更好地适应蜜蜂的六只脚；不过另外一种观点认为蜂巢的结构是为了有效地保存蜂蜜，这个用蜂巢的等周长特征给予解释的理论则得到当时数学界的支持，后来古希腊数学家为此给了一个初步的证明，对蜜蜂显然具有"某种几何构想"的观点进行了评论。这种讨论总结为"蜂窝猜想"，即依据六边形的构造模式对已给定的面积在一个给定平面所进行的分割，其边缘的长度是否为最小？

虽然蜜蜂的巢房是一个三维结构，但每个巢房在方向上是均匀的，且垂直于蜂巢的底基。因此，蜂巢的六边形截面形状可以完全用于计算蜜蜂建筑巢房所需要的蜂蜡。于是，数学家所关心的蜂窝猜想就变成了一个二维的平面问题。1943 年，匈牙利数学家托特（L. Fejes Tóth）证明了，在所有首尾相连的多边形中，能够连续排列同样面积的几何图形最多有 6 条边，在边长为直边的条件下，只有正六边形的周长是最小的，可以对给定平面进行等量分割的方式就是蜂窝的正六边形。简单地说，在一个公共顶点处围聚了 m 个正 n 边形，由于该多边形的一个内角为 $\dfrac{n-2}{n}\pi$，所以 $m\dfrac{n-2}{n}\pi=2\pi$，即 $(m-2)(n-2)=4$，这表明，$n-2=1$，2，4，或者 $n=3$，4，6。也就是说一个公共顶点可以围绕正三、四或六边形。在后面，我们会证明同面积的条件下，圆的周长最小。然而圆并不是最优的分割，因为圆和圆之间会留下空隙而浪费空间，所以可以直观地想到，在上述几种情形下，最接近圆的正六边形的分割最经济。托特还认为，多边形的边是曲线时，正六边形的周长仍然是最小的，但他没有证明这一点。1999 年美国密歇根大学的数学家黑尔斯（Thomas C. Hales）给出了蜂窝猜想的证明。在考虑了周边是曲线时，无论是曲线向外突，还是向内凹，都证明了由许多正六边形组成的图形周长最小，黑尔斯得出结论是：以同等面积的区域对一个平面进行分隔，周长为最小的几何形状是蜂窝状的正六边形。于是古老的蜂窝猜想变成了蜂窝定理。

然而这只是解决了二维问题，那么由此延伸的三维呢？蜂窝猜想依然是开放的。其问题是：以同样大小的巢房在空间进行排列，其表面积为最小的结构是正六边形蜂窝结构吗？会不会是其他的多面体？即哪种多面体是最优空间分割？当然管状的正六边形是不是三维空间的最优分割，大自然可能有另外因素的考量，例如为了工作的方便，蜜蜂需要快捷地进出。但这个问题在其他领域仍然成立，如晶体、细胞等。这些问题不仅涉及数学，还关系从流体、气泡等物质结构到生物组织结构的特征。

难怪13世纪的蒙特福特（De Montfort）说："古建筑上，蜜蜂的才能超越了阿基米德。"19世纪，达尔文将蜂窝描述为"在节省劳动力和蜡方面绝对完美的"工程杰作。他这样赞美："凡是考察过蜂巢的精巧构造的人，看到它如此美妙地适应它的目的，而不热烈地加以赞赏，他必定是一个愚钝的人。"当我们用数学揭开蜂房的奥秘时，我们不得不与先哲们同感。

即便在三维空间上还未得到彻底解决，蜂窝结构已经因其优越性被应用在很多地方了。由于重复的几何形状对于降低生产成本非常重要，平常超市货物的摆放，鸡蛋盒的制作，都用到了蜂窝结构。在计算机领域人们研究蜂窝结构进行网格划分。如蜂窝网络，移动网络是一种移动通信硬件架构，分为模拟蜂窝网络和数字蜂窝网络。由于构成网络覆盖的各通信基地台的信号覆盖呈六边形，从而使整个网络像一个蜂窝而得名。

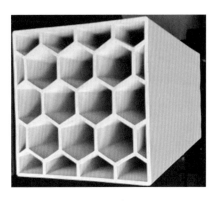

图1.2　蜂窝构件

图 1.3　新加坡蜂巢大厦

图 1.4　墨西哥索玛雅（Soumaya）博物馆的全蜂巢外立面

回到建筑领域，人们还根据蜂巢的原理设计了一种建筑构件，称为 U2 建筑构件来做幕墙，它既是建筑的外表皮，也是建筑结构的受力主体。这样核心筒之外的内部空间不再需要额外的柱子支撑，因此室内空间获得了极大的灵活性。现在的航天飞机、人造卫星、宇宙飞船在内部大量采用蜂窝结构，卫星的外壳也几乎全部是蜂窝结构。

鸟巢

几处早莺争暖树，谁家新燕啄春泥。

——唐·白居易

地球上有 9 000 多种鸟类，繁殖时产卵 1~10 枚。而鸟蛋变成雏鸟还需要进行孵化，所需的时间因种类从几天到数月不等。那么如何才能安全孵化，鸟巢就是解决方案。

不管哪种鸟，建筑一个窝巢都是一件浩大的"工程"，这对它们来

图 1.5　鸟巢

说是毕生必须完成的繁衍后代的艰辛而重要的工作。燕子、麻雀、喜鹊是人们"亲邻"，它们常在人类住宅的屋檐下、庭院园林的树枝上筑巢。也有鸟类在山崖、洞穴等自然环境中建窝。有记载，一对灰喜鹊在筑巢的四五天内，共衔取巢材 666 次，其中枯枝 253 次，青叶 154 次，草根 123 次，牛、羊毛 82 次，泥团 54 次。

很多种类的鸟筑巢都是鸟儿衔着一根根直直的树枝和一口口春泥垒起来的。我们已知圆是一定周长围成最大面积的形状，可是直线段的树枝怎么围成个圆窝呢？原来这些直线围成的圆在数学上叫包络。

在数学上，一族平面直线（或曲线）的包络是指一条与这族直线（或曲线）中任意一条都相切的曲线。假设这族平面曲线记为 $F(t, x, y) = 0$，这里不同的 t 对应着曲线族中不同的曲线，则包络线上的每一点满足 F 对 x, y 的偏导为 0，由这两个偏导方程消去 t 后便可得出包络线的隐式表达。类似地可以定义空间中一族平面（或曲面）的包络。

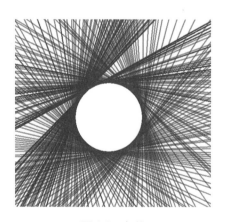

图 1.6　包络

数学中还有个包络定理，这个定理有着很多应用。定理表明最大值函数与目标函数的关系，当给定参数之后，目标函数中可选择控制变量。如果控制变量恰好取到此时的最优值，则目标函数即与最大值函数相等。

　　小小的鸟儿就是用直直的树枝做成了其包络——温暖的两鸟和它们的宝宝组建了圆窝鸟巢之家。

图 1.7　瑞士的鸟巢旅馆

　　从鸟巢得到灵感，鸟巢套房是瑞士大树酒店中一个独立的概念房屋，位于森林中，建在 4~5 棵大树干上。外观和真鸟巢很相似，是扎成堆的大小树枝组成的，从窄小的伸缩梯爬上去，便进入了约 18 平方米舒适简约的小木房。这很适合那些想要亲近大自然的游客。

　　2008 年北京奥运会的主场馆被大家亲切地称为"鸟巢"。该建筑外观和裸露的钢结构统一，各个结构元素之间相互支撑，纵横交错，汇聚成编织般的网格状，将建筑物的立面、楼梯、碗状看台和屋顶融合为一个整体。加上体育馆本身椭圆形的形状，给人以自然温暖的感觉，鸟巢的名字恰如其分。这个设计是不是就是从自然界的鸟巢中获得灵感？

图 1.8　北京鸟巢

　　而合肥群众文化活动中心更接近于包络线围圆之鸟巢的理念。只是由于"线"不够多，包络不明显，给人一点凌乱的感觉。

图 1.9　合肥群众文化活动中心

蚁穴

> 穴蚁能防患，常于未雨移。聚如营洛日，散似去邠时。

> ——宋·刘克庄

白蚁以木材或纤维素为食，是一种多形态、群居性而又有严格分工的社会性昆虫。白蚁体软而小，通常长而圆，呈白色、淡黄色、赤褐色直至黑褐色。白蚁是巢居生活的昆虫，天生就是杰出的建筑师。蚁穴是白蚁群居的大本营，其范围可以扩展到巢外相当远的地方。蚁巢或简或繁，有的在地上筑垒高达 9 米，基部直径 20~30 米的"摩天楼"；有的巢筑在地下，成为四通八达的地下"城堡"；也有的筑在墙壁里、树木中，与环境密切相依。蚁巢不仅有保护白蚁群体免受外敌侵害的作用，而且提供一个适于白蚁生活的稳定环境。蚁巢内保温又保湿，冬暖夏凉。主巢温度通常处于 25~28℃，湿度也会保持适宜的水平。

蚁穴是白蚁王国的国土，也是它们的家，每个群体只有一个主巢，但副巢则不止一个，可能有几个或十多个以上。主巢相当于王国的首都，副巢相当于一些大城市。它们之间都有粗大的蚁路相通联。蚁巢的外部外露迹象都是群蚁食木纤维后的排泄物，白蚁也用此来做修筑蚁巢和蚁道的建筑材料。在一些特殊的环境，白蚁还会将蚁巢的外壳做成较密实的防水层，防止地下水和雨水侵入巢穴里。白蚁的副巢里巢页一般像蜂窝状，质量较松散，而白蚁主巢里巢页是呈片状的，其中分布许多空格，像一个个不规则的小房间，质量较密实。蚁王、蚁后居住的"皇宫"在主巢里面，"皇宫"的顶部是拱形或抛物线形，底部是水平的，形状好像一些大的飞机库房，比其他房间大 10 多倍以上，又叫其为"平台"。

蚁穴口大都呈圆形，里面沟壑纵横，鳞次栉比。"城堡"具有极为复杂的拓扑结构，宛如迷宫。外侧是一条条环状的深沟，如同城市的环形大道。内部则是一条条纵横交织的浅壑，如同城市的街巷。沟壑

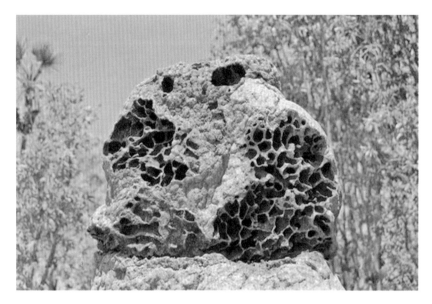

图 1.10 蚁穴

之间四通八达，相互联连。这伟大的建筑是工蚁把沙子和黏土一粒粒地垒起来，再用自己的唾液黏合在一起，形成了这样结实的"混凝土"结构，并以此建造凸出地面的巢体土丘。这些土堆在地面上可高达 10 米。也有很多白蚁喜欢将自己的巢穴建在人类建筑里，并建得无比豪华，这对人类建筑来说却是灾难。但白蚁在探矿上作用巨大。生活在沙漠地区的白蚁在地面上打造巨大的蚁巢，以利空气循环和降温。沙漠十分炎热干燥，可白蚁需要湿润的泥土来打造蚁穴。为了找到符合要求的泥土，白蚁会向地表以下挖掘 30 米，甚至深到 200 米，以找到地下水源。然后将找到的黏土或湿润的岩石含在口中，爬回家继续打造蚁巢，如此循环往复。在此过程中，它们带来地下深层的土壤样本，那些湿润的岩石粒中也可能含有珍贵的矿石。蚁巢揭示了地下结构的奥秘，通过分析白蚁蚁巢，就可研究地下矿藏。

　　低智而看似无序的蚁群是如何完成如此复杂、充满数学理念的工程的，是随机的还是事先规划的？如今仍然是个谜。但蚁群还是给人类建筑示范了一种复杂操作中的某种程序。

复杂的蚁穴也给设计师带来启发。蚁工坊就是根据蚁穴理念的一种设计。蚁工坊位于云南省红河州建水县，是利用原来的一处废砖厂改造后建成的，所有建筑群都按照陶文化脉络展开，是个文化旅游景点。

图 1.11　云南建水县的蚁工坊

除了旅游文化，人们根据蚁穴的理念设计出一些住宅建筑，其中白蚁穴公寓是其中之一。白蚁穴住宅位于越南中部沿海城市岘港，那里的气候反差明显，阳光明媚和阴雨连绵频繁交替出现，还有不期而至的热带风暴。岘港还因占城烧结砖塔遗迹（Champa baked-brick Towers）而闻名。建筑师受白蚁巢穴的启发，设计了包括厨房、餐室和娱乐区的共享空间。从大厅再通往住宅起居室、卧室等不同的功能区。墙壁上按照真实的白蚁穴随机开洞，因此家庭成员在不同活动区依然可以彼此相互聊天。建造房子主要用的就是神秘的古代占城塔所使用的烧结砖。

图 1.12　越南白蚁穴住宅

鼠洞

> 鸱鸟鸣黄桑，野鼠拱乱穴。
>
> ——唐·杜甫

很多种动物在地下过暗无天日的生活，如我们所熟知的"老鼠生儿打地洞"的俗语。例如土拨鼠完全是在地下搞建筑，挖出一个自己的家。特别是生活在四季天气变化剧烈的草原，它们的洞穴需要经受住温度变化、洪水和野火的考验。土拨鼠会在地下不同深度挖洞，每个洞拥有不同的用途，例如婴儿室。婴儿室位于地下深处，温度更稳定，同时也让小土拨鼠宝宝受到更好的保护，躲避凶猛的捕食者。距离地面较近的洞穴充当避难所来帮助成年土拨鼠躲避捕食者，其他洞穴则用于储藏食物或者监听捕食者的动向。土拨鼠地洞的地下工程也是很伟大的。

图 1.13　土拨鼠和它们的地洞

　　随着人口增长，在地球表面的人口密度也越来越大，除了往高空发展，向地下发展也是一个方向。地下建筑还有隐秘、防空和防核等功能，已经有了不少实践。然而地下建筑不仅仅是满足人们的基本需求，还要解决联通问题，从这点上来说，人们还是要向鼠类学习。当然，开拓地下通道一直就有，军事上尤为重要。古有"明修栈道，暗度陈仓"，今有"地道战，地道战，埋伏下神兵千百万"。

　　龙游石窟位于浙江省西部衢州市龙游县城衢江北岸 3 公里处的凤凰山麓，1992 年，4 个农民抽潭水发现了山腹内竟容藏着 24 个大小不一、布局精妙的人工洞窟，也带给人们一个巨大的不解之谜。这些洞窟人工开凿的痕迹明显，工程浩大。其形体规模大致相同——洞厅面积从数百平方米到近千平方米不一；洞高在 20 至 40 米不等；洞口均为矩形；洞壁平整陡峭，敲凿纹路清晰，洞顶弧形斜伸；洞中有数个粗大熨斗状石柱撑顶；每个洞窟的底部均有一至两个凿挖而成的石池和人工斜坡……除了有一处有动物壁画，其他均为石纹。

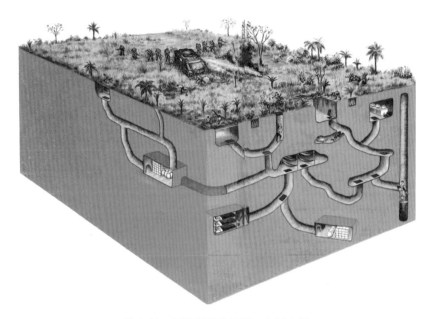

图 1.14　越战期间的地下工事示意图

图 1.15　龙游石窟入口

图 1.16 龙游石窟内廷

现在的问题是：这个精巧严整、耗资巨大的石窟群是怎么来的，又是干什么用的？这让学者们伤透了脑筋，除了空空的洞体，人们难以找到更进一步的资料。所以至今众说纷纭，不一而终。典型的假说有：陵墓说、采石说、屯兵说、外星文明说等，每一种说法都有支持的论据也都有站不住脚的地方。这里的博物馆还比较简单，只有一些录像资料，但这种空空更是充满悬疑。巨大的疑问吸引着一拨又一拨的人前往探索。有道是"入窟尽是探奇者，出窟全变猜谜人"。或许，这只是古人学习鼠类的作业？

地下建筑，古今中外都有。自古在土耳其伊斯坦布尔一直有一个挥散不去的魔怔，当地人总能听到潺潺的流水声，却不知声从何来。直到6世纪，这个谜团才被揭开。从索菲亚大教堂西南方的一座小房子下面有个地下水宫深埋将近1 500多年。这座地下建筑目的倒是明确，就是储水。但简单的目的建得一点也不简单，地下水宫神秘唯美，辉煌大气。更神奇的是，在这里还能发现倒压着的美杜莎的石像。美杜莎

图 1.17　土耳其地下水宫

图 1.18　美杜莎头像

图 1.19　上海地铁

图 1.20　上海江湾五角场地下街

是希腊神话人物，传说原本是美貌女子，但因遭到惩罚，成为蛇发妖女，只要目光所及，人都会变为石像。后来她的头颅被砍下用作武器，在战争中能将敌人瞬间化为石像。她也不幸成为丑陋、恶毒、孤独种种带有悲剧性的标签。在这里美杜莎的头像封印在地下水宫，是为了镇宅之用？

当然，现代的地下建筑和其目的更是五花八门：地下隧道、地下通道、地下仓库、地下停车场、地下避难所、地下密室等，甚至也有地下居所和多功能地下街等。

鱼窝

鹰击长空，鱼翔浅底，万类霜天竞自由。

——现代·毛泽东

鱼窝，也叫鱼巢。是鱼产卵并将鱼卵孵化成鱼的地方。常见的是水草等水中漂浮物，也有的鱼自己吐气泡做窝，或运用水底石头等物

图 1.21　澳大利亚悉尼海洋公园的水下通道

做成。有的鱼自己建筑房子，固定居所。

人类不能像鱼一样在水下呼吸，但可以学习鱼类特别是用气泡的理念做水下建筑。目前水下建筑最多的是过海交通隧道和海洋馆的水下观赏通道。海底观赏通道一般是上方透明的半圆柱形。也有用树脂玻璃和气泡形的圆屋顶造成的水下住房，如位于美国佛罗里达州南部著名潜水圣地基拉戈（Key Largo）的海底旅馆，位于波斯湾66英尺以下的阿联酋迪拜的奢华海底度假城，以及我国坐落于海南三亚的亚特兰蒂斯酒店的海底波塞冬套房，那里可以躺在床上欣赏海底美丽形状的珊瑚、优雅游弋的热带鱼群和多姿多彩的海洋生物。

蜘蛛网

经纬智何多，网张犹设罗。

——宋·卫宗武

蜘蛛网也可以算作一种广义的建筑，只不过建筑材料不是外部的，

图 1.22　蜘蛛网

而是蜘蛛自己吐的丝。其功能当然是捕食。但在人类社会，网的意念和用途已远远超过蜘蛛的"初衷"。

渔民用网捕鱼，猎人用网狩猎，体育用网隔界，法律用网规范……

数学家、哲学家笛卡儿睡在小旅馆里，望着屋顶上的蜘蛛网，异想天开，发明了坐标系网格，成为今天分析的基础。

今天人们谈到的"网"有了更多的含义：信息网、交通网、物流网、关系网等，其中最重要的就是影响我们今天生活至深的互联网。所谓互联网就是网络与网络之间所串联成的庞大网络。它们以一组通用的协议相连，形成逻辑上的单一且巨大的全球化网络，在这个网络的节点就是交换机和路由器等网络设备、各种不同的连接链路、种类繁多的服务器和数不尽的计算机、终端。而网络的连线就是今天的无线和有线技术。使用互联网可以将信息瞬间发送到千里之外的人手中，它是信息社会的基础。今天的所有人都被这个网"一网打尽"。

图 1.23　上海市江湾五角场

网在现代建筑也是常见的。如上海五角场因街道的辐射状，与附近的街道形成中心网状，穿过中心的高速更是以网裹路，别有情趣。

贝壳

飘荡贝阙珠宫，群龙惊睡起，冯夷波激。

——宋·张元干

一枝自足鹪鹩巢，一居犹胜蜗牛屋。

——宋·易祓

如果蜘蛛网算建筑，那么一大类贝壳也都能算建筑。如蚌、螺、蜗牛、螃蟹、乌龟、甲虫等，它们用坚硬的外壳将柔软的身体保护起来，所以把它们称为"背着房子走的生物"。当然蜘蛛织网还有个"造"的过程，而贝壳类的房子可是"与生俱来"的。有意思的是这些生物的壳很数学，如乌龟壳是拱形——可以承受较大的力，又或者如

图 1.24　上海自然博物馆的海龟

图 1.25　上海自然博物馆的贝壳标本

鹦鹉螺，其螺壳的螺形满足黄金分割率。

　　这些带房子的生物海陆空都有，于是这些房子成了"移动的房子"，并且根据陆海空分别称为"行走的房子""游泳的房子"和"飞行的房子"。对应着我们人类的一类建筑就是交通工具：车、船和飞机。我们将在第二章里继续分析它们的几何外观。

　　悉尼歌剧院由三组巨大的壳片组成。第一组壳片在西侧，四对壳片成串排列，三对朝北，一对朝南，内部是大音乐厅。第二组在地段东侧，与第一组大致平行，形式相同但规模略小，内部是歌剧厅。第三组在它们的西南方，规模最小，由两对壳片组成，里面是餐厅。看上去很像是两组打开盖倒放着的蚌。加上歌剧院坐落在悉尼港湾，三面临水，环境开阔，临海的位置加上贝壳般的设计，天然合一。

图 1.26　澳大利亚悉尼贝壳类屋顶的歌剧院

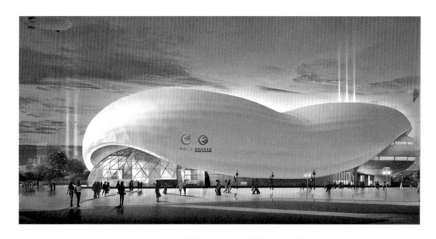

图 1.27　上海世博会航空馆设计效果图

上海世博会航空馆的建筑造型源于"云朵",展馆外表覆盖洁白的膜材,柔软、光滑、圆润、朦胧,进而表现"飞"与"翔"的理念,表达人类超越地心引力的梦想,从另一个角度看,洁白的穹顶如仿生的硬壳,让人联想起甲虫。两头接地中间隆起,有一种摆脱地心引力,跃跃欲飞的感觉。

第二章

建筑外观的几何形状

天生颜貌几何般，鹤骨餐霞厌俗观。

——宋·赵光义

直接将几何形状根据设计对象应用于建筑外观有大量的例子。将简单几何形用于建筑设计的历史悠久，随着建筑材料和建筑技术的发展，越来越多的大跨度、薄壳和设计新颖的建筑出现在我们的视野中，也使二次曲面越来越多地应用到建筑中。

在这一章中，我们就简单几何形状和稍微复杂一点的二次曲面的几个案例观其一瞥。

三角形

合栋交生角，回栏互引牙。

——宋·文同

大多数屋顶的设计都采用三角柱形，从古代的房子就开始这样的设计。正如将在第四章所分析的，这是因为充分利用了三角形的稳定

图 2.1 活动临时帐篷

图 2.2 上海世博会马来西亚馆

性、可尽快排出雨水等作用。这种形状也有搭建方便的特性，常作为临时帐篷用。

在现代设计中，三角形设计也是一种选项，它使得建筑物看起来古朴、稳定。

上海世博会的马来西亚馆由两个高高翘起的坡状三角屋顶组成，模拟传统马来西亚长屋。屋顶脊线形成的弧度又带有一定的活泼从而弱化了三角的固化。展馆外墙则借鉴了马来西亚传统印染的纹理，由蝴蝶、花卉、飞鸟和几何图案组成。

三角建筑也不仅只有单层，楼房也是可能，图2.3的游客中心的设计就是一个例子。

图2.3　美国老忠实间隙泉游客中心

矩形

　　　玉阶方寸地，好趁风云会。

　　　　　　　　　　　　　　　　　　——宋·辛弃疾

　　矩形楼房设计简单易行，是今天大多数楼房的外观形状。

　　香港、深圳和上海的照片大家并不陌生，这实际上就是我们通常城市的一般写照。事实上，如果不说，人们也很难猜出这是在哪里。这状况也引起人们的担忧，因为这样似曾相识的建筑使得城市越来越

图 2.4　香港建筑群

图 2.5　深圳市景

图 2.6　上海楼群

趋同，越来越失去个性。这就是为什么今天人们更希望有些不同凡响的建筑成为城市的新地标。

锥台

　　2010 年上海世博会中国国家馆，现改名为中华艺术宫，总建筑面积 16.68 万平方米，目前展示面积近 7 万平方米，拥有 35 个展厅。其外形是一个倒扣梯台。这个设计借鉴了中国古代礼仪鼎器文化的概念，加上 4 组巨柱支撑，传达出力量和权威感，提升了一种"振奋"的视觉效果，弘扬了国家盛典的理念。从另一角度看，这个设计又酷似一顶古帽，象征"中国智慧"，从而被命名为"东方之冠"。顶部面呈经纬分明的网格架构，象征中国棋盘式布局的"九宫格"结构。通过巨柱与斗拱的巧妙结合，将力合理分布，使整座建筑稳妥、大气、壮观，极富中国气派，向世界传达了一个大国崛起的自信。前倾的倒梯台结构设计灵感来自中国古代的斗拱构件，是结合应用现代建筑和传统技艺，通过数学和力学严格计算得以实现。

图 2.7　上海世博会中国馆

位于昆山市花桥镇游站是座酷似金字塔式的建筑群，将时尚创意和 SOHO 办公、LOFT 居住、创意会展中心、时尚 T 台融合在一起，被称为

图 2.8　昆山市花桥游站

"建筑里的城市"。它的造型是锥台型，向上层层缩进，住户获得了最大的采光。甚至还有人调侃："想跳楼的话，也只能一层一层地跳……"

多面体

滔滔多面朋，著眼增欷歔。

——宋·陈造

人们早就知道正多面体只有 5 种：正四面体、正六面体、正八面体、正十二面体和正二十面体。古希腊人称其为"柏拉图体"。

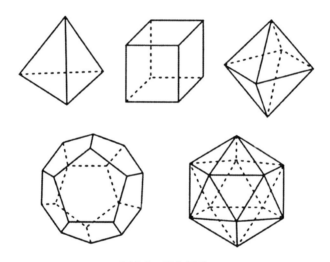

图 2.9　正多面体

埃及发现的金字塔相当于半个正八面体。埃及共发现金字塔 96 座，最大的是开罗郊区胡夫等的 3 座金字塔。约公元前 3100 年，初步统一的古代埃及国家建立起来。古埃及国王也称法老，是古埃及最大的奴隶主，拥有至高无上的权力。他们被看作是神的化身。他们为自己修建了巨大的陵墓金字塔，金字塔就成了法老权力的象征。其形状是简洁优美的几何形，具有完美的底边为正方形的四棱锥。至于在当时条件下是如何建成金字塔的，至今还是个谜。

图 2.10　埃及金字塔

繁（音 pó）塔位于开封东南古繁台，建于北宋开宝七年（974年），原名兴慈塔，又名天清寺塔，俗称繁塔，是开封地区现存最古老的建筑之一。繁塔曾是一座六角九层、80 余米高的巨型佛塔，极为壮观。有诗曰："台高地迥出天半，瞭见皇都十里春。""繁台春色"也成

图 2.11　开封繁塔

为著名的汴京八景之一。因岁月沧桑，繁塔历经天灾人祸，到了明代仅余三层六角形柱叠成的塔。后清初在残塔之上，仿损毁的六层缩建为六级小塔，成为现在独特奇丽、别有风趣的类编钟造型塔。繁塔还有个特点，其内外壁镶嵌佛像瓷砖，塔表的每块砖都是一市尺见方，为凹圆形佛龛，龛中有佛像凸起，一砖一佛，趺坐其中，佛像姿态、衣着、表情各具特色，共 108 种，7 000 余尊。

今天的建筑中，可以发现很多这些多面体的变种，如丹麦 Dokk1 图书馆。设计外观有几个多面体叠加而成。

图 2.12　丹麦 Dokk1 图书馆

球面和球冠

凤烛星球初试灯，冰轮碾破碧棱层。

——宋·朱敦儒

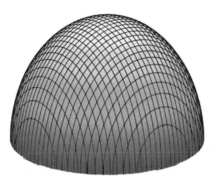

图 2.13 半球面 $z = \sqrt{R^2 - x^2 - y^2}$

　　半球形的建筑在天文馆、科学馆的建筑中常见。而球冠（部分球面）的设计就更广泛了。

　　中国科技馆是一座国家级综合性科技馆。主馆是个"鲁班锁"的设计。其球幕影院有巨幕影院、动感影院、4D 影院等 4 个特效影院。特效电影利用现代电影科技手段，使观众产生身临其境的感受，体验

图 2.14　北京中国科技馆的球幕影院

各类影视特效刺激，领略科技与自然之美。

位于巴黎东北部的"科学与工业城"号称是世界上最大、访问人数最多的博物馆之一，也是欧洲最大的科普中心。博物馆于 1986 年对外开放，分 4 个部分：永久性陈列（地球宇宙、生命奥秘、物质人类、语言交流），最新科技成果和工业产品，图书资料中心，底层会议中心。其中还包括 3D 电影院、水族馆、植物园和众多新科技产品。科学城是一个巨大的平行六面体，占地面积 100 000 平方米。在公园里，有个巨大的晶球馆，直径 36 米，是一个全景银幕电影馆，里面是用来播放模拟太空的影院，还播放一些科普知识。

图 2.15　法国科学与工业城

罗马小体育宫是 1960 年罗马夏季奥林匹克运动会的练习馆，兼作篮球、网球、拳击等比赛的场馆。建筑的设计是在原有的一个直径为 60 米的圆形平面上加一个钢筋混凝土薄壳球冠圆顶。这个像反扣过来的荷叶似的屋顶，边缘的波浪起伏用来加强屋顶的牢度和

图 2.16　罗马小体育宫

图 2.17　罗马小体育宫俯视示意图

室内的照度。屋顶的内侧附有肋梁，可将整个屋顶分割成能够预制的菱形槽板。屋顶由 36 根 Y 形支柱支撑。这暴露在周围的 Y 形支柱，为体育宫的外形增加了节奏感和力量感，赋予建筑鲜明的个性。体育宫的内部天花板由菱形的槽板和弧线形的肋梁组成一幅精美的图案……设计将建筑的使用要求、结构受力和建筑艺术巧妙地糅合在一起。

　　球面的概念也用于整体建筑物风格的设计，带来一种梦幻童话的氛围，如位于法国戛纳的"泡泡宫殿"。

图 2.18　法国戛纳的"泡泡宫殿"

圆柱面

　　　　一柱中擎远碧，两峰旁倚高寒。

　　　　　　　　　　　　　　　　　——宋·辛弃疾

　　由于圆形省材料的原因，建筑应该多采纳。然而又由于其施工较难，所以并不很多见，如福建民居承启楼的圆柱设计（见第三章）。通

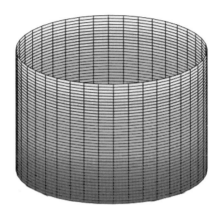

图 2.19　圆柱面 $x^2 + y^2 = R^2$，$0 < z < h$

常对于如水塔、瞭望塔、灯塔、碉堡一类实用建筑中还是常见的，不过现代建筑设计中也不时出现。

位于意大利罗马台伯河畔的圣天使城堡（Castel Sant' Angelo），主体是个圆柱体，顶上有个矩形建筑，外围是个方城。该城堡是公元 139

图 2.20　意大利罗马圣天使城堡

年罗马皇帝哈德良（Hadrian，76—138 年，在位期间 117—138 年）为自己和其后代皇帝所建的家族的安息之地。经过几个世纪历史变迁，城堡也发生了变化，首先因其坚固的建筑特征而成了重要的军事要塞，然后又成了监狱和兵营。在公元 6 世纪时改建成一座华丽的罗马教皇宫殿，曾作为教皇的碉堡和避难所，现在圣天使城堡为国家博物馆，馆内收藏了大量雕刻作品、罗马教皇的住家和古代武器珍品。从圣彼得大教堂到圣天使城堡有一条地下通道，教皇可以不经过属于意大利的协和大道就能到达城堡。丹·布朗（Dan Brown）的《天使与魔鬼》里也有描写这个暗道的情节。

杭州亚科中心紧靠西湖，面对六和塔、玉皇山胜景，由 3 座高低不同的圆柱形主塔楼以及辅助建筑组成，主楼分别为 130 米 37 层、100 米 26 层和 21.6 米 5 层。功能主要是写字楼。这 3 座楼的组合有种"西湖三剑客"的神韵。

图 2.21   杭州亚科中心

圆锥面

役夫牧人记注之，所佳尚者惟苦锥。

——宋·周文璞

圆锥形常在宗教建筑中出现，也有用作现代建筑设计。由于锥形和毛笔的形状相似，中国古代亦有问天的含义。

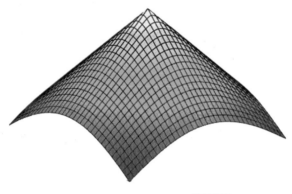

图 2.22　圆锥面 $z = a^2 \sqrt{x^2 + y^2}$

在云南民族村里，有一座熠熠生辉的傣族白塔。整个白塔由塔基、塔身、塔刹三部分构成。主塔 23.8 米，塔身形状由数节锥体构成，上有莲花瓣等雕饰，周围还有 40 座相似的小塔组成方形塔阵，塔基上还坐着小菩萨。塔刹有如一只倒置的喇叭。塔顶共系 365 个铜铃，随着徐徐的清风不时发出叮叮当当的悦耳铃声。傣家人认为这是来自天上的梵音，会给大家带来吉祥如意。

在德国有个有名的行宫是 1869 年始建的位于巴伐利亚的新天鹅城堡。经过二战洗礼，在德国能保留下来的行宫屈指可数，像新天鹅城堡这样由深处山岭腹地保存较完美的更是难得。这个行宫是路德维希二世国王的得意之作。那些在璀璨相衬的悠远山脉、环绕倒影的静谧湖泊中错落有致而耸立的圆锥形尖顶，使得城堡犹如在弥漫烟缭的

图 2.23 云南民族村的傣族白塔群

图 2.24 德国新天鹅城堡

梦幻中的人间仙境，充满童话般的浪漫。以致后来世界各地许多迪士尼乐园的设计都以此为蓝本。

在英国伦敦"金融城"，有一座抢眼的锥形建筑，这就是瑞士再保险公司大厦，高179.8米，绰号是西餐中常见的"小黄瓜"。大厦于

图 2.25　英国瑞士再保险公司大厦

图 2.26　深圳华润集团总部大厦

2004 年投入使用，被誉为 21 世纪伦敦街头最佳建筑之一。这座摩天大楼像一颗带螺旋的子弹，螺纹收于锥顶，直指天空，有种盘旋而上的感觉。更赞的是它是由可再利用的建筑材料建造而成，而且通过自然通风，使用节能照明设备，采用被动式太阳能供暖设备等方式来节能。

中国也有一个圆锥形高楼，昵称是中餐中的"春笋"，比小黄瓜更高。它是华润集团总部大厦，位于深圳后海中心区，高 392.5 米。

圆环形

情若连环，恨如流水，甚时是休。

——宋·苏轼

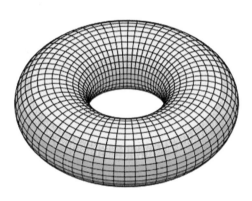

图 2.27　圆环面 $(\sqrt{x^2+y^2}-r)^2+z^2=R^2$

浙江省湖州市南太湖的渔人码头，有个吸引眼球的建筑是湖州喜来登酒店。这座圆环形水上建筑高 100 米、宽 116 米，总建筑面积 75 000 平方米，它还有个美丽的名字叫月亮酒店，这个优雅的圆环可以看成指环，也可以看成"月亮门"，不过它也有个不太雅的绰号叫作"马桶圈"。

相比马桶圈，广州圆好像更俗些，因为圆环造型和土黄金的颜色很

图 2.28　湖州喜来登酒店

图 2.29　广州圆

容易让人联想到"孔方兄",所以它也得了个外号叫"铜钱大楼",尽管它中间是圆孔不是方孔。或许,如果不是土黄金色的颜色,这建筑不至于得此番号。广州圆大厦位于广州市荔湾区白鹅潭经济圈最南端,是广东塑料交易所总部大楼和第二期仓储中心。它是一座 33 层的近似圆环形建筑物,高 138 米、外圆直径 146.6 米、内圆直径 47 米。不过它的设计初衷还是挺不错的,喻为"水轮车",有转运的含义,且与珠江水里的倒影形成 8 字,寓意风生水起。

方环形

在卢浮宫经香榭丽舍大街通往戴高乐广场上凯旋门的延长线上,有一座比古老的凯旋门更巨大的建筑物,这就是 20 世纪的凯旋门。虽然称之为"门",看起来也像门,但实际上它是一幢方环的现代化大楼。乘观光电梯上去,就可以欣赏巴黎的远景。新凯旋门是一中空的方形建筑,长宽各为 105 米。令人惊奇的是,它与卢浮宫正中的方形广

图 2.30 法国新凯旋门 (La Grande Arche)

场同大。这样，通过香榭丽舍大街这条中轴，将具有历史意义的广场与这座超现代化的门连接了起来。

椭球面

> 但使甘有余，何伤小而椭。
>
> ——宋·王安石

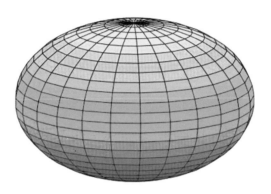

图 2.31　椭球面 $a^2x^2+b^2y^2+c^2z^2=1$

中国国家大剧院是中国国家表演艺术的最高殿堂，国家最高水平的表演艺术中心，也是新"北京十六景"之一的地标性建筑。它位于北京市中心天安门广场西，人民大会堂西侧。主体建筑外观呈半椭球形，加上水的倒影形成一个完整的椭球。该椭球东西方向长轴长度为212.20 米，南北方向短轴长度为 143.64 米，建筑物高度为 46.285 米，占地 11.89 万平方米，总建筑面积约 16.5 万平方米。内部设有歌剧院、音乐厅、戏剧场以及艺术展厅、餐厅、音像商店等配套设施。设计理念是"一滴晶莹的水珠"。

另一个像大饼一样的建筑是阿联酋阿布扎比阿尔达（Aldar）总部大楼，110 米高。楼房由两片微凸的椭球片相对拼起来，隐喻圆满。

上海梅赛德斯-奔驰文化中心是上海世博会的保留建筑，原名为世博演艺中心，是世界一流水准的现代文化演艺综合场馆。它由上下两片椭球面合成，远远地看像是一个大飞碟，寓意着面向未来，昂扬向上。

图 2.32　中国国家大剧院

图 2.33　阿布扎比阿尔达总部大楼

图 2.34　上海梅赛德斯–奔驰文化中心

椭圆抛物面

> 谁道闲情抛弃久。每到春来，惆怅还依旧。
>
> ——唐·冯延巳

抛物面有很好的负重性，常用作屋顶设计。

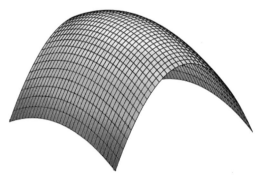

图 2.35　抛物面 $z = -x^2 - y^2$

千年穹顶位于伦敦东部泰晤士河畔的格林尼治半岛上，是英国政府为迎接 21 世纪而兴建的标志性建筑。这个大型综合性建筑包括一系列展示与演出的场地，以及购物商场、餐厅、酒吧等。建筑师经过悉心的比较论证，决定将繁多的功能归入同一屋顶下，提出了穹顶的方案。他们主张桅杆要尽可能地高，穹顶要尽可能地大，雄心勃勃地要为伦敦创造出新的标志性建筑。最终建成的穹顶直径 320 米，周圈大于 1 000 米，有 12 根穿出屋面高达 100 米的桅杆，屋盖采用圆球形的张力膜结构。

图 2.36   英国格林尼治"千年穹顶"

抛物柱面

位于塞纳河左岸与卢浮宫相对的奥赛博物馆是法国国立博物馆。博物馆由一个废弃的火车站改建而成，长 140 米、宽 40 米、高 32 米，透明的抛物柱面馆顶的建筑别有风味。馆内主要陈列 1848 年至 1914 年间创作的西方艺术作品，包括绘画、雕塑、装饰品、摄影作品、建筑设计

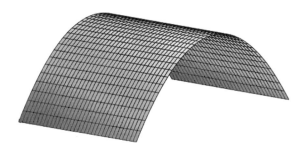

图 2.37　抛物柱面 $z = -a^2 y^2$, $0 < x < L$

图 2.38　法国奥赛博物馆

图在内的精彩藏品，特别是它收藏了大量印象派的作品让人印象深刻。

双曲面

　　　　弯弯曲，新年新月钩寒玉。

　　　　　　　　　　　　　　　　——宋·朱淑贞

　　由于建筑材料的发展，新的易塑型的材料不断出现，也使得设计

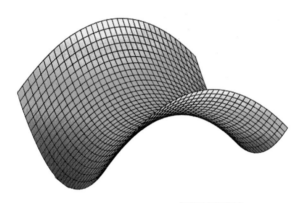

图 2.39　双曲面 $z = \sqrt{R^2 + x^2 - y^2}$

师有了更大的设计空间。双曲面、马鞍面这些曲率方向和大小都不同的曲面也频频出现在城市的地平线上。

动力地球馆是位于爱丁堡市中心的一座著名的科技馆，建在爱丁

图 2.40　英国爱丁堡动力地球馆入口

堡一处空旷的类白色帐篷的结构中。展馆着重于提供参观者丰富多样的动态体验，去了解令人敬畏的宇宙力量，火山、地震、海洋、冰川、雨林等种种地貌和气候都会让你有身临其境的真实感。屋顶曲面的设计十分"波动"，特别是入口处形成双曲面。

伦敦奥运会水上运动中心是 2012 年伦敦奥运会比赛场馆之一，由著名建筑师扎哈-哈迪德（Zaha Hadid）设计。于 2008 年动工，2011年 7 月完工。可同时容纳约 17 500 人。游泳、跳水、花样游泳等比赛项目在此举行。体育馆最主要的特色是其跨度极长的双曲面的屋顶设计，达到长 160 米、宽 80 米，形成十分壮观的波浪。我们将在最后一章看到更多扎哈的精彩作品。

图 2.41　伦敦水上运动中心

单叶双曲面

怯问检尺小姑娘，我是何材几立方。

努嘴崖边多节树，弯弯曲曲两人长？

——现代·聂绀弩

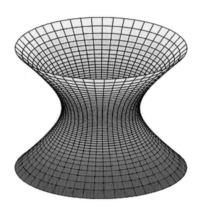

图 2.42   单叶双曲面 $z^2 = c^2(x^2 + y^2) - R^2$

单叶双曲面（也称为旋转双曲面）是通过围绕其主轴旋转双曲线而产生的表面。由于有较强的稳定性、优雅的外观和良好的对流性，单叶双曲面常常应用于一些大型的建筑结构，如发电厂的冷却塔、电视塔等，也在很多现代设计中被广泛应用。单叶双曲面还是一个双重直纹曲面，即它可以由两组不同方向的直线扫过构成。

坐落在巴西首都巴西利亚的巴西利亚大教堂，没有通常教堂的高尖屋顶，而是由 16 根双曲线状的支柱支撑起教堂的玻璃穹顶，支柱间用大块的彩色玻璃相接，整体呈现双曲线型，形成一座造型奇特的伞形教堂。既像冠帽，又似印第安人的茅屋。露出地面部分的建筑只是大教堂的屋顶，而教堂大厅位于地面以下，内部最大直径为 70 米。独特的建筑成为巴西的标志性建筑。

为迎接 2010 年亚运会而修建的高度为 619 米的广州电视塔主体结构就是一个典型的单叶双曲面。由于单叶双曲面双重直纹性质，我们可以清楚地看到构成主体的直钢管，这使得该建筑不仅建造简单而且节省材料。

图 2.43 巴西利亚大教堂

图 2.44 冷却塔

图 2.45 广州电视塔"小蛮腰"

双曲抛物面

坦坦平如镜，弯弯曲似钩。

——宋·释师范

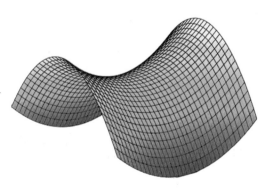

图 2.46 双曲抛物面 $z = a^2x^2 - b^2y^2$

以人民音乐家冼星海的名字命名的星海音乐厅位于广东省广州市越秀区二沙岛，整体建筑为双曲抛物面钢筋混凝土壳体，与蓝天碧水浑然一体，宛如流淌起伏的音乐。它占地 1.4 万平方米，建筑面积 1.8 万平方米，设有 1 500 座位的交响乐演奏大厅，460 座位的室内乐演奏厅，100 座位的视听欣赏室和 4 800 平方米的音乐文化广场。

图 2.47　星海音乐厅

螺线

山染青螺缥渺，人间难陟。

——宋·巫山神女

陶朱隐园位于台北中心区新津区，建筑以城市之树之理念中标，设计每层顺时针向上攀升 4.5° 的螺旋建筑造型，从 2F 至 21F 共旋转 90°，创造出每户均有 167 平方米的空中花园，整个项目种植乔灌木超过 23 000 棵，绿覆率高达 246%。设计灵感来自生命之源——DNA（脱氧核糖核酸）的双螺旋结构。

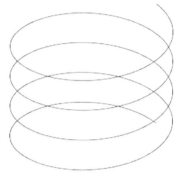

图 2.48　螺线 $\begin{cases} x = \cos t, \\ y = \sin t, \ t \in (0, 8\pi) \\ z = 2t, \end{cases}$

图 2.49　陶朱隐园豪宅

莫斯科进化大厦是莫斯科国际商业中心的一部分。每层楼相对前一层扭转 3°，到达顶端时，整体扭转 135°。楼高 255 米，共 55 层。

图 2.50　莫斯科进化大厦

默比乌斯带

衣带渐宽都不悔，况伊销得人憔悴。

——宋·欧阳修

默比乌斯带是数学拓扑学中的一朵奇葩。1858 年，德国数学家默比乌斯（A. F. Mobius，1790—1868）发现，把一根纸条的一段扭转

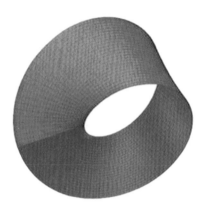

图 2.51　默比乌斯带

180°后，再与另一段粘上，形成的纸带圈具有魔术般的性质。这样的纸带只有一个面、一条边，一只小虫可以爬遍整个曲面而不必跨过它的边缘。这种纸带就被称为"默比乌斯带"。这个带子的奇特之处在于它本身是个二维面，却只能在三维空间里展示自己的特性，如果硬要把它按在二维空间里，它只能自己穿越自己了。所以有人称它完美地展现一个"二维空间中一维可无限扩展之空间模型"。位于北京的凤凰国际传媒中心的设计灵感就是来自默比乌斯带。这个占地面积1.8公顷、总建筑面积6.5万平方米、建筑高度55米的建筑有一种魔幻的感觉。

图 2.52　北京凤凰国际传媒中心

混合型

一点真灵宝，混合自回风。

——宋·夏元鼎

更多的现代建筑属于混合型，给了城市丰富多彩的姿态。

图 2.53　上海陆家嘴摩天楼三兄弟（"开瓶器"上海环球金融中心，
　　　　 "注射器"上海金茂大厦，"打蛋器"上海中心大厦）

第三章

建筑功能

安得广厦千万间，大庇天下寒士俱欢颜。

——唐·杜甫

　　人类的建筑工程目的性非常强，所以对于不同的目的，建造出来的外观和功能自然不一。在古代人类的活动除了居住，狩猎、耕作和庆典多半在室外，随着人类生活方式的改变，室外的活动越来越少，为不同目的所建造的建筑就越来越多。

　　建筑除了艺术和适用的特性，还有其鲜明的历史地域、民族风俗和文化特点，加上气候和技术等因素，其结果也是五花八门，争奇斗艳。我们去一个地方旅游，印象最深最直接的就是当地的建筑，而最有吸引力的就是其古老的建筑。当然这个话题很大，也不是我们主要讨论的对象，这里我们只举几个与数学有关的例子，分析其中的一二。

民居

青山白云好居住，劝君归去兮归去来。

——唐·吕岩

由于建筑经济适用的特性，简单的几何形状是首选。最早的居住建筑多半是三角形或锥形，以符合简单建造、避雨和结实的要求。现代简易帐篷支起来也是这个形状。即便是现代建筑，三角形也广泛应用于屋顶的形状。

图 3.1　窝棚

以此进化，现在最基本的房子结构就是矩形立方体加三角柱屋顶。

蒙古包实际上是个进化版的帐篷，由于游牧民族经常随着气候和牧地而搬迁，所以家也随之而动。容易搭建和省材料成为组建的重要因素，这就是圆形蒙古包形状的由来。

图 3.2　旅行帐篷

图 3.3　简房

图 3.4 蒙古包

图 3.5 蒙古包类建筑的骨架（上海世博会展品）

在黄土高原、大漠地区，风大土厚。人们因地制宜，并不建造矗立于地面的房子，而是利用厚土打窑洞，形成当地特有的窑洞石窟。敦煌石窟就是以这种方式藏宝千年。

图 3.6   莫高窟北窟

中国大多数地区，民居基本坐北向南。因为隐私的需求，大都有个院落，形成封闭形式。大户人家还有一进二进三进的层次。

中国南方，和风细雨，气候温湿，房屋也就往高里长。在广东的开平有一批建筑十分抢眼，这就是闻名的开平碉楼。这些碉楼的特点是瘦高，而且很像碉堡，有很强的防卫性。这些碉楼都是当地一些华侨出海留洋赚了钱，回到家乡建造的。一方面反映了中华民族根深蒂固的"落叶归根"的思想，另一方面，也把巨大的贫富差别建在了家乡。所以形成了这种外敛内豪、随时抗匪的特点。

也是南方，也是防匪，福建的承启楼则是采取抱团的方式，它将中国传统的团圆观念解释到极致，被誉为"土楼王"。承启楼位于福建省龙岩市永定区高头乡高北村，占地面积 5 376.17 平方米。按《易经》八卦进行布局，外环、二环、三环均分为 8 个卦，外环卦与卦之间的分界线最为明显。承启楼始建于明崇祯年间。其造型奇特，别具一格，古朴浑圆，土色土香。承启楼有道是"高四层，楼四圈，上上下下四百间；圆中圆，圈套圈，历经沧桑三百年"。

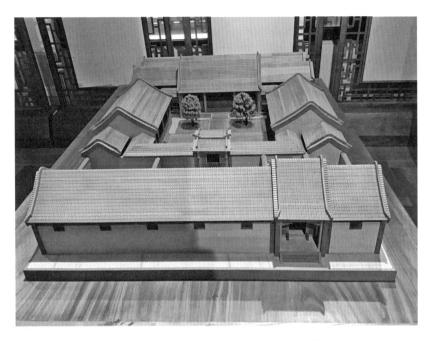

图 3.7　北京四合院模型（同济大学博物馆）

图 3.8　开平碉楼

图 3.9　福建龙岩承启楼（土楼）模型（同济大学博物馆）

　　这些圆楼组合起来也别有风味，在福建南靖圆楼的一个组合还被戏称为"四菜一汤"。不过用数学的眼光看起来，更像一幅待证明的几何图像。

图 3.10　南靖的田螺坑"四菜一汤"土楼群

　　江南多水系，房屋建筑和水脱不了干系，所以河、桥以及沿河民居构成了秦砖汉瓦沿水的江南民居的特点。这里每个房屋是个节点，一组房屋形成块，而河成了连通线，桥就是各块之间的结合点。这些正是数学中图论的基本要素。

图 3.11　江南民居

　　各个城市都有自己的建筑特点，例如老上海，建筑具有中西结合的特点，其石库门建筑最具特色。这种建筑大量吸收了江南民居的式样，以石头做门框，以乌漆实心厚木做门扇，这种建筑因此得名"石库门"。

　　事实上，中国各地民居远不止这几种情况。

　　1986 年 4 月 1 日起到 1991 年 6 月 11 日，邮电部发行了一套中国民居邮票，共计发行了 4 套 21 枚。它们分别是 1 分（内蒙古）、1.5 分（西藏）、2 分（东北）、3 分（湖南）、4 分（江苏）、5 分（山东）、8 分（北京）、10 分（云南）、15 分（广西）、20 分（上海）、

图 3.12　上海石库门——中共一大会址

图 3.13　中国民居邮票

25 分（宁夏）、30 分（安徽）、40 分（陕北）、50 分（四川）、80 分（山西）、90 分（台湾）、1 元（福建）、1.10 元（浙江）、1.30 元（青海）、1.60 元（贵州）、2 元（江西）等 21 种，面值共计人民币 10.845 元。这是一套造型生动、民族气息浓郁的好票。这套"民居"邮票用浓缩的方式通过各地风格各异的代表民居建筑，展示了中华民族的建筑艺术和中国劳动人民的智慧结晶。除了上述的民居，竹楼式的云南民居、庭院深深的江西民居、东西折厢式的湖南民居、依山叠进的四川民居等，传神地把各地民俗民风通过民居体现出来，精彩纷呈。

其实世界各地的民居虽然材料变化多端，但也有共同之处，大都有三角屋顶和矩形房体的结构。

现代人口激增，独门独院的房屋已成奢侈品，人类进入了群居时代，人和有限空间之间的矛盾也日益突出。这时，楼房就成为标配，同时力学及有效利用建材就成为建楼所面临的首要问题，而这些问题的首选解决方案就是立方体块盒状楼。

图 3.14　韩国民居模型（韩国民族博物馆）

图 3.15 英国民居

图 3.16 北美的原木屋

图 3.17　美国芝加哥俯视

　　然而，大量的盒状楼虽然经济有效却又带来呆板的感觉，而且城市在慢慢趋同的过程中也渐渐失去了特点。随着计算机的快速发展，各种形状的力学计算成为可能，毕竟房屋安全结实是第一要素。于是近代各种奇形怪状的数学流形和拓扑形状被用于楼房的外观设计。这我们已在第二章里欣赏。

宗教场所

　　　　江南四百八十寺，处处磨碑待记游。

　　　　　　　　　　　　　　　　　　——明·沈周

　　　　塔势如涌出，孤高耸天宫。登临出世界，磴道盘虚空。

　　　　　　　　　　　　　　　　　　——唐·岑参

　　宗教建筑是个大众活动性场所，所以往往有宽敞的大厅。而根据教义的不同，外观也很不一样。由于历史的原因，各地保留完好的历史建筑很多是宗教场所。因为这些建筑主要功能是聚集信众进行宗教活动，所以都有大厅，而内部装饰因教义不同而不同。

宗教场地因为有大量信众支持，一般建筑质量较高，内部的艺术装饰也很丰富。

图 3.18　2019 年火灾前的巴黎圣母院

西方的基督教教堂一般具有圆锥尖顶，象征着通天的理念。内部有耶稣像，教父的宣讲台，听众的长排椅子和用于祈祷的跪垫，好点的教堂还用壁画、彩窗装饰，还装备有管风琴。

伊斯兰清真寺大都是圆顶，边上立几个有圆锥尖的圆柱。这些圆柱被称为宣礼塔，其用以召唤信众礼拜，每座清真寺的宣礼塔数量不一，一般有 1 到 6 个不等，多见 4 个，它们和主堂一起形成清真寺鲜明的特点。

清真寺的内部只有宽大的厅堂，没有偶像，没有家具，所有的装饰都是几何拼接图形，最多有点花草图形修饰。宗教活动时，信众面向麦加，席地而拜。所以清真寺内一般都是空空荡荡，只有墙壁和屋顶繁缛纷呈，充满数学意念十足的图案。

图 3.19　美国圣母大学教堂内部

图 3.20　土耳其苏莱曼清真寺

图 3.21   土耳其蓝色清真寺内顶

　　而佛教寺庙则是另一种风格，一般有宽大几进的方方的庭院和翘起的屋檐。寺庙里多有巨大的菩萨和佛像，边有各种香炉，香火缭绕。前面有蒲团供善男信女跪拜用。大型的宗教活动往往不在室内而在室外，室内念经的多是和尚尼姑等宗教人士。所以寺庙很大的功能是给宗教人士修行用的，于是很多寺庙都建在深山里。

　　山西五台山佛光寺位于山西省五台县内，是全国重点文物保护单位，为中国现存最早的木结构建筑之一。中国的古木建筑极易遭到战火和自然灾害摧毁，保留下来实属不易，故它被梁思成先生评价为"中国古建筑第一瑰宝"。因为此寺历史悠久，寺内佛教文物珍贵，又有"亚洲佛光"之称。寺内正殿即东大殿，于公元 857 年建成。佛光寺里的唐代建筑、唐代雕塑、唐代壁画、唐代题记，历史价值和艺术价值都很高，被人们称为"四绝"。从佛光寺的建筑模型上的解剖可以看出，大殿采用"金厢斗底槽"的平面结构，单檐庑殿顶的斗拱雄大，出檐深远。草架中脊梁脊檩下仅用"大叉手"的斜柱固定，是古建筑使用此法的孤例。大殿内部面阔七间，34 米；进深四间，17.66 米。内外两周柱子成网，形成内外两槽；内槽后半部建有一巨大佛坛，对着开间正中置 3 座主佛及胁侍菩萨，坛上还散置菩萨、力神等 20 余尊唐代塑像，而山墙和后壁还有后代列置罗汉像。

图 3.22　佛光寺东大殿模型（同济大学博物馆）

中国较大的寺庙大都是院落结构，由几间大殿和寺院组成，大殿里供养着佛像，寺院里有香炉，供信徒们祈愿拜佛。例如位于浙江省龙游县境内竹林禅寺。竹林禅寺始建于唐贞观七年（公元 632 年），迄今有 1 300 多年历史，现占地 80 亩，建筑面积 4 800 平方米。

佛教也有高高尖尖的建筑，那就是塔。塔是有着特定的形式和风格的中国传统建筑。最初是供奉或收藏佛骨、佛像、佛经、舍利子等的高耸型点式建筑，称"佛塔"。14 世纪以后，塔逐渐世俗化。

应县木塔全称应县佛宫寺释迦塔，位于山西省应县城西北佛宫寺内，俗称应县木塔。建于辽清宁二年（宋至和三年公元 1056 年），金明昌六年（南宋庆元一年公元 1195 年）增修完毕，是中国现存最高最古而唯一的一座木构塔式建筑，是世界上现存的最高木塔。它与意大利

图 3.23　竹林禅寺

图 3.24　应县木塔模型（同
济大学博物馆）

比萨斜塔、巴黎埃菲尔铁塔并称"世界三大奇塔"。塔高 67.31 米，五层六檐，各层间设有暗层，实为九层。平截面为八角形，全塔使用 54 种不同形式的斗拱，因此古籍上誉为"远看擎天柱，近似百尺莲"。

　　除了木塔，大多数是砖塔，如开封铁塔。开封铁塔位于河南省开封市，建于公元 1049 年（北宋皇祐元年），素有"天下第一塔"之称。铁塔高 55.88 米，八角十三层，因此地曾为开宝寺，又称"开宝寺塔"。建塔的目的就是奉藏舍利。铁塔之所以称为铁塔，并不是真的用铁铸成，而是因为建筑材料是褐色琉璃砖，显得通体混似铁铸，从元代起民间就称其为"铁塔"。而且其性格也坚如铁，在 900 多年中，历经了 37 次地震，18 次大风，15 次水患，至今巍然屹立。

图 3.25　开封铁塔

军事要塞

> 秦时明月汉时关，万里长征人未还。
>
> 但使龙城飞将在，不教胡马度阴山。

——唐·王昌龄

　　为了抵抗外敌，人们修建了各种军事要塞。中国的长城是最著名的军事要塞之一。在西方，遗留下的军事要塞一般都是以古堡的形式存在。古堡是古代集居住、军事和社会目的为一体的建筑，多半立于军事高地。有围墙和房屋组成。和长城一样，城墙上多半有枪眼和锯齿形炮位。

　　英国苏格兰的爱丁堡城堡（Edinburgh Castle）是一座很有名的城堡，是苏格兰的重要象征。它位于死火山花岗岩顶上，在爱丁堡市中心各角落都可看到。这座城堡在 6 世纪时成为皇室堡垒，从公元 12 世纪到 16 世纪一直是苏格兰皇家城堡，也是重要的皇家住所、国家行政

图 3.26　英国爱丁堡城堡

中心和军事基地，它也见证了苏格兰的多次战争。今天成为苏格兰著名的旅游胜地。

马萨达（Masada）位于犹地亚沙漠与死海谷底交界处的一座岩石山顶，北距恩戈地（Ein Gedi）约25千米。其东侧悬崖高约450米，从山顶直下死海之滨；西侧悬崖高约100米。山顶平整，呈菱形，南北长约600米，东西宽约300米，周围城墙长约1 400米。通向马萨达的自然道路都极为险峻，最主要的是东侧的"蛇行路"。这样的地形使马萨达成为一个地势险峻的天然堡垒。不过它的历史更使得它成为古代以色列王国的象征，犹太人的圣地。这是因为它是犹太人在这片土地上陷落的最后一个据点，记载了一段犹太人宁为玉碎不为瓦全的历史。从建筑上看，遗留下的具山险而立的军事设施保持着其他要塞的特点，但山中还有生活居所。其光秃秃的自然条件并不理想，很难想象，犹太人可以以此坚守数年。公元72年，罗马人希尔瓦（F. Silva）率领大约15 000人的罗马大军，包围了马萨达。马萨达人坚守了三年，当要塞

图 3.27　以色列马萨达古堡遗址

被攻陷前夕，为避免落入敌手，马萨达全城男女老少近千人全体自杀。从此，犹太人的足迹从迦南之地上消失，他们以这样的惨烈书写了马萨达的结局。

长城，又称万里长城，是中国古代的军事防御工事，是一道坚固而且连绵不断的长垣，用以限隔敌骑。长城是以城墙为主体，同大量的城、障、亭、标相结合的防御体系。是"线"和"结"的组合。

长城修筑的历史可上溯到西周时期，著名典故"烽火戏诸侯"就源于此。春秋战国时期列国争霸，互相防守，长城修筑进入第一个高潮，但此时修筑的长度都比较短。秦灭六国统一天下后，秦始皇连接和修缮战国长城，始有万里长城之称。民间传说的孟姜女哭长城就是这个时候的故事。明朝是最后一个大修长城的朝代，今天人们所看到的长城多是此时修筑。秦汉及早期长城超过 1 万千米，总长超过 2.1 万千米。跨越河北、北京、天津、山西、陕西、甘肃、内蒙古、黑龙江、吉林、辽宁、山东、河南、青海、宁夏、新疆等 15 个省区市。

图 3.28　八达岭长城

　　中国历史也是一部反侵略的历史，在沿海地区也有很多军事要塞，例如长城的东端老龙头。老龙头坐落于河北省秦皇岛市山海关区城南 4 公里的渤海之滨，向东接水上长城九门口，入海石城犹如龙首探入大海、弄涛舞浪，因而得名"老龙头"。老龙头地势高峻，有明代蓟镇总兵戚继光所建"入海石城"。后面坐镇的是被称为"长城连海水连天，人上飞楼百尺巅"之称的澄海楼。

图 3.29　山海关老龙头

　　山海关，又称"榆关"，位于河北省秦皇岛市东北 15 公里，被认为是明长城东端起点和东北关隘之一，是关内关外的分界线，是京城的重要屏障，享誉"天下第一关"。关于城头这个恢宏却没有落款的题匾有很多说法，特别是"第"不是竹头是草头多少年来令多少人孜孜索因。

　　中国的长城，连绵万里，有八达岭那样依山修建的山城，也有老龙头那样的海城，而山海关及其相连的长城是平原城墙，山海关就是城关。山海关城周长约 4 公里，城高 14 米，厚 7 米，有 4 座主要城门，多种防御建筑，是迄今为止保存最完整的长城军事防御体系。墙东是辽宁，墙西是河北。现在已是旅游景区。景区占地 0.1 平方公里，包括

图 3.30　山海关

箭楼、靖边楼、牧营楼、临闾楼、瑞莲阁公园、瓮城、一关广场以及
1 350 米延长的明代平原长城等景观。这座城关是一个四方的小城，四
面城墙，"天下第一关"门楼，面向关外，设防三重，即罗城、瓮城和
城门。城门楼重檐歇山顶，设 68 个设计成鹰眼的箭窗。如果长城是一
条线，那么山海关就是这条线上的第一结。

　　站在这座关城上，望北燕山连绵，眺南渤海漫天，回眸城中，城
连城、城套城、楼对楼、楼望楼，是一座铁壁金城。到了这时才明白
什么叫一夫当关，万夫莫开。然而，历史告诉我们，要怎么当关，怎
么莫开，还和谁是这个"一夫"有关。山海关的传奇故事就包括文武
双全不让须眉的女将军秦良玉镇关、降清反清怒为红颜的平西王吴三
桂献关以及才华横溢魂断山海的大诗人海子的卧关。然而山海关对于
我们的感情，遥远的历史远没有现代史来得那么强烈。那是因为她和
抗日史紧紧地连在一起。早有闯关东的故事，后有心酸凄惶的"松花
江上"。那句"整日价在关里"见不到衰老爹娘痛诉，那首苍凉悠长的
"长城谣"，为什么要说"长城之外是故乡"，还要"拼命打回去"？这

个山海关承当了近代中国人怎样的一个痛处。抗战，抗战，这就是答案。日本投降后，山海关日军仍不投降，是抗联和一小队苏联红军共同打下来的。随后山海关回到了中国人民手中。

今天，雄关依然屹立，沧桑尽在心里。

娱乐、体育场所和博物馆

> 戏彩堂高无溽暑，满座风生闻笑语。
>
> ——宋·无名氏

娱乐、体育场所和博物馆都是群众活动的聚集地。和宗教场所不同，这里没有庄严，却有欢乐。娱乐观众的也有一群专业的演职人员或体育人士。所以一般有个舞台或有相当规模的表演场地。体育场所比赛时有观看的需求，平时又有"自娱"的特点，而博物馆除了应对群众的参观讲解，还要有展品安全防盗的功能。

最古老的娱乐场所大概要算古罗马的斗兽场（建于公元72—82年

图 3.31　罗马斗兽场

间）。圆圆的场所围坐的层层的观众席，面对中心底部的表演区。这个建筑的目的纯粹为了娱乐，尽管从现代人的眼光看是太残酷的娱乐。但这些遗址多了些人文的味道。古罗马斗兽场的意义在于以后的大型群体性观赏比赛场所，竟然没有逃脱其椭圆形开放模式，一个个奥运主场的形状都可以看到那斗兽场的影子，可见其影响之深远。

图 3.32   北京奥运会主赛场

剧场有点不同，由于后台准备和化妆的需要，多半有个方形的舞台面对围观的观众席。不过外观却各有不同，如中国歌剧院的鹅蛋形，法国歌剧院的首饰盒形，还有悉尼歌剧院，其贝壳形的数学曲面使得整个建筑在水面上看起来似扬帆的航船。这些剧院的幕后藏了多少人间的悲欢离合？

博物馆是各城市的名片，为了体现"古朴"的内涵，多半选择古老风格的建筑，不过多为封闭式，内部将一个个展室串联起来。

现代艺术博物馆的建筑则比较摩登，从里到外散发着不同凡响的神色。

图 3.33　法国巴黎歌剧院

图 3.34　巴黎歌剧院剧场

图 3.35　南京博物院

图 3.36　美国古根海姆现代艺术馆

商场

花市里，使人迷。州东无暇看州西。

——宋·无名氏

商场是人们交易商品的场所。自从有了商品和货币，商场就应运而生。旧时的商场由一个个铺面组成，这些铺面由一条条路连接，顾客可以在此浏览货物，和铺面老板讨价还价。

图 3.37　印度古老的手工艺市场 Dilli Haat

现代化的商场往往是集娱乐、餐饮、超市和商店等各功能于一体的大型商业中心。往往集中于一个或一群高楼里。不过随着网购的日益兴起，大型商业中心的角色也越来越向娱乐靠近。

图 3.38　土耳其伊斯坦布尔的"大巴扎"卡帕勒市场（Kapali Carsi）

图 3.39　上海五角场百联又一城商场

摩天楼

> 山，刺破青天锷未残。
>
> ——现代·毛泽东

所谓摩天楼一般指非常高的高楼大厦，比喻大楼有摩天轮那么高。根据世界超高层建筑学会的新标准，300 米以上为超高层建筑。在技术越来越成熟、而地皮越来越贵的今天，摩天楼也就越来越多。摩天楼内由高速电梯连接，之中大部分是写字楼，也包含支持办公的宾馆、餐厅、健身房等辅助设施，还有为好奇的想领略"一览众山小"的旅游者设计的旅游项目。所以摩天楼基本上属于综合性功能建筑。

威利斯大厦（Willis Tower）原名西尔斯大厦（Sears Tower），是位于美国芝加哥最高的摩天大楼，楼高 442.3 米，加上避雷针总高度

图 3.40　摩天楼剪影（高度从右往左：迪拜塔，威利斯大厦，台北 101，上海环球金融中心，吉隆坡双塔大厦……）

527 米，地上 108 层，地下 3 层。大厦在 1974 年落成，超越纽约那个倒霉的世界贸易中心双塔，成为当时世界上最高的大楼。而正是芝加哥吹响了今天人们"欲与天公试比高"的竞争号角。

威利斯大厦保持了 22 年的世界第一，1997 年被 451.9 米吉隆坡双塔大厦打破，以后破纪录的速度越来越快。2003 年台北 101 大楼以 508 米夺得桂冠。2008 年那个"汽水扳手"上海环球金融中心以 474 米的最高使用楼层超越了台北 101。但台北 101 仍然自诩第一。威利斯大厦也不服气，说加上避雷针，威利斯大厦还是第一。不过这个第一之争很快就有了新霸主：160 层，总高 828 米迪拜的哈利法塔（Khalifa Tower）2010 年 1 月横空出世，傲视全球，比第二高出 1/3，把所有的其他摩天楼压了下去。

图 3.41   迪拜塔

以为迪拜塔可以笑傲一段时间了，但正在生长的摩天楼仍此起彼伏，方兴未艾，远远没有尽头，很多高度在建造时甚至在设计时就已经被刷新：

纽约世贸中心 1 号楼自由塔 1 776 英尺（约 541 米，在"9·11"倒塌的 417 米世贸中心旧址重建，纪念 1776 年美国"独立宣言"发表）

上海中心大厦 632 米

深圳平安国际金融中心 646 米

新德里若艾达中心 710 米

科威特丝绸之路 1 001 米

上海无敌大厦 1 128 米

沙特阿拉伯吉达王国塔（Kingdom Tower）1 300 米

日本终极幻想 X-Seed 4000 要达到 4 000 米

如果有一天人们要造一座 8 888 米的喜马拉雅大厦，千万不要吃惊。

混合综合型

飘浮瑞雪洒长空，混合乾坤万象同。

——宋·王仲修

由于目的的不同，有很多综合型的建筑具有多功能的要求。例如桥梁是分隔陆地的连线，是建筑中的重要部分，我们会在第四章中从力学的角度予以讨论。还有车站、机场等交通结点需要满足人群短暂停留的要求。

学校是传授知识和培养人才的地方，由教室、实验室、办公室、会议室、图书馆、体育场和生活场所组成。既有动静不同的群体活动，也有特殊要求的个体需求。所以学校的设计也各不相同。不过今天大学的布局大致分为两类，一类在郊区，土地资源比较丰富，学校就比较"摊开"；另一类在市中心，交通方便了，但土地资源紧缺，学校就往空中长。

图 3.42　同济大学校园

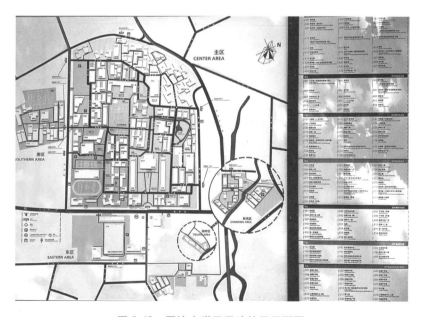

图 3.43　同济大学四平路校区平面图

　　除了楼房考虑人类居住、办公等需求，建筑还包括其他用途，因此更多的数学设计被应用。

　　医院和学校一样是个综合性建筑群，功能是提供医疗服务，也是人流较为集中的地方，分不同科室、住院区和门诊区。医院的设点非常讲究，为了方便紧急求医的患者，多半设在人口较为集中的地方，也必然地皮昂贵，所以现代医院也多半集中于一栋高楼中。

　　医院、消防站、警察署等公共服务设施的合理分布需要用数学的图论和规划理论决定。

　　园林也是一类综合性建筑群，主要功能是休闲，所以多有绿化。园林自古就有，不过古时的园林多半是皇家后花园，而今天的园林是公园。较有名的园林有北京颐和园、苏州拙政园等。

　　艮岳是古典园林建筑之一，我国宋代的著名宫苑。1117 年兴工，1122 年竣工，初名万岁山，后改名艮岳、寿岳，或连称寿山艮岳，亦号华阳宫。1127 年金人攻陷汴京后被拆毁，今天也只能在模型中一窥其传奇。艮在八卦中为山之象，若作方位，指东北方。因宋徽宗在位期间，该园于汴京宫城的东北隅，此园落成之后，酷爱奇石、书画造诣深厚的宋徽宗赵佶亲自写有《御制艮岳记》，却不能让这座传奇园林有个长寿，自己也因玩物丧志成了亡国之君。艮岳在园林技艺方面称得

图 3.44　艮岳模型（同济大学博物馆）

上集大成者，可谓"括天下之美，藏古今之胜"，将诗情画意构造抽象山水移入园林，尤其是园中叠石、掇山这些园林技巧达到登峰造极，极具数学含义。据记载，此园冈连阜属，东西相望，前后相续，左山而右水，后溪而旁垄，连绵而弥漫，吞山而怀谷。园内植奇花美木，养珍禽异兽，构飞楼杰观，极尽奢华。但是，短命的艮岳进入了历史的记忆，今天要找一块该园的遗石都很难了。

混合建筑不仅在综合性建筑群中有，也有混合用途的。如中国古代的程阳风雨桥。

图3.45　程阳桥模型（同济大学博物馆）

程阳风雨桥，又叫程阳永济桥、程阳回龙桥，简称程阳桥。位于广西壮族自治区柳州市三江自治州林溪镇境内，始建于1912年。程阳桥横跨林溪河，为石墩悬梁木结构楼阁式风雨桥，是典型的侗族建筑，长76米，2台3墩4孔。墩台上建有5座塔式4层桥亭和19间桥廊，亭廊相连。主体木榫卯接，干栏构造，穿斗柱坊。桥中楼亭重檐叠翅，钩心斗角，桥的壁柱、瓦檐、雕花刻画。该建筑集廊、亭、塔、桥于一身，在中外建筑史上独具风韵，也是中国木建筑中的艺术珍品。

　　在意大利佛罗伦萨也有带顶的桥，叫佛罗伦萨维琪奥（Vecchio）桥。

图 3.46　佛罗伦萨维琪奥桥

　　维琪奥桥始建于距今 1 000 多年前，为佛罗伦萨最古老的桥梁。以前是乌菲兹宫通往隔岸碧提王宫的走廊。今天见到的版本是 1345 年重建的，桥本身就成了古董。桥上有二层楼的建筑。现在是一个市场，以前有肉铺，现在则多为宝石和贵重金属首饰店，故有"金桥"之称。

　　灯塔是另一类建筑，目的很明确，就是指示海上的船只，所以一般建在港口、海边或岛上。其形状为高塔形，在塔顶装设灯光设备，位置显要，一般是锥形建筑造型，同时成为港口最高点之一。为了便于船只识别，它们定时发送特定的灯光信息。由于地球表面为曲面，故塔身须有充分的高度，使灯光能为远距离的航船所察见，一般视距为 15～25 海里。灯光也不宜过高，以免受到高处云雾的遮蔽。重要的灯塔也包含居住功能，为守塔人提供住处。

　　西班牙的马略卡岛被称为欧洲人的地中海乐园。它那长达 14 公里的极具特色的盘山公路，蜿蜒曲折，风景如画，极尽山峭和海阔。沿

图 3.47   西班牙马略卡岛灯塔

路可抵马略卡北端的一个白色圆锥形灯塔，傲视着整个海湾。该灯塔的基座就是房屋。

在第一章里我们提到交通工具就是"移动的房子"，这些"房子"的建筑除了普通房子的特点外，还要考虑它们"移动"的动力，以及如何减少阻力。如汽车、火车要考虑地面摩擦和空气阻力，轨道交通要考虑轨道的连接，船要考虑浮力、水的阻力和风力的作用，飞机要考虑空气升力、阻力等。所以它们的外形也就有相应的特别设计，例如汽车的圆轮和车体的流线型、船在水下的倒三角和飞机的翅膀、尾翼等。

图 3.48 加拿大温哥华海湾的客轮

图 3.49 陈列于同济大学的退役飞机

第四章

建筑的力学简析

诚能力学，进必有因。

——宋·吴芾

要把一个建筑建造起来，并且历经时间的考验，风吹雨打而不松，地震飓风而不倒，那支撑其的骨骼就是力学结构。骨骼如何坚硬涉及静力学、动力学、结构力学、材料力学、流体力学和建筑力学等，其中有大量的数学。这些课程是大学相关专业好几个学期的学习内容，学土木建筑的同学要花大量的时间研习和实践。在这里无法详述，但可以举几个静力学和振动方面较为简单的例子。

建筑相关的静力学

何事居穷道不穷，乱时还与静时同。

——唐·杜荀鹤

静力学公理是静力学中已被实践反复证实并被认为无需证明的最基本的原理，它被认为正确地反映了客观规律，并已经成为演绎推导整个静力学理论的基础。

公理 **1**（力的平行四边形法则）作用在物体同一点上的两个力可合成一个合力，合力的作用点也在该点，大小和方向由这两个力为边构成的平行四边形的对角线确定。

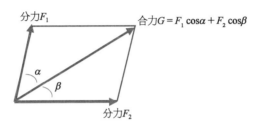

图 4.1 力的分解和合成示意图

公理 **2**（二力平衡公理）作用在刚体上的两力平衡的充要条件是：两力的大小相等、方向相反且作用在同一直线上。

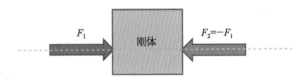

图 4.2 刚体平衡示意图

公理 **3**（加减平衡力系公理）在作用于刚体的任一力系上，增加或减去任意的平衡力系，不会改变原力系对刚体的作用，即原力系的效应不变。

公理 **4**（作用和反作用公理）两物体间存在作用力与反作用力，两力大小相等、方向相反、分别作用在两个物体上，作用线沿同一直线。

图 4.3 作用力和反作用力示意图

公理 5（刚化原理）变形体在某一力系作用下处于平衡，如将此变形体刚化为刚体，则其平衡状态不变。

从静力学公理出发，通过数学演绎方法可推导出许多新结论，如力的可传递性；力可依据力的平行四边形法则分解为等效的两个或两个以上的分力等。下面我们就通过几个常见的例子来看看建筑中受力是如何传递的。

三角屋顶

在第二、三章，我们看到，房屋的屋顶大都采取三角结构。梁和屋顶形成一个稳定三角形。同时屋顶倾斜有利于雨水流下，屋顶受到的压力也通过梁和柱消化。

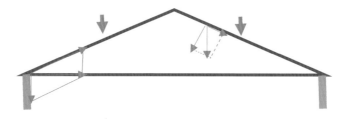

图 4.4　屋顶受力示意图

拱形结构

拱形结构在建筑中广泛应用，我们已经在第二、三章看到了大量的例子。这是因为这种结构可以承受较大的力。由于桥的力学表达比较直接，这部分就以桥为例。

赵州桥，是一座位于河北省石家庄市赵县城南洨河之上的石拱桥，因赵县古称赵州而得名。赵州桥始建于隋代大业元年至十一年（605—616），距今约有 1400 年的历史，居中国四大古石桥之首位。赵州桥由匠师李春设计建造，是世界上现存年代久远、跨度最大、保存最完整的单孔坦弧敞肩石拱桥，后由宋哲宗赵煦赐名安济桥。其建造工艺独特，在世界桥梁史上首创"敞肩拱"结构形式，具有较高的科学研究价值。桥本身的装饰也有很高的艺术价值。赵州桥在中国造桥史上占有重要地位，对全世界后代桥梁建筑有着深远意义。

图 4.5　赵州桥

一千多年前没有钢筋水泥，造桥的主要材料是天然石材。石材是脆性材料，耐压但怕拉；我国隋朝造桥大师李春摸透了石头的"脾气"，发明了石拱桥，让构成拱的石块只受压；如图 4.6 所示，压在桥面上的重力可分解为压在桥面的正压力和侧压力，而正压力（只有重力的 $\sin \alpha$ 倍）又可分解为压向两边的侧压力，这些侧压力经过桥面传递转到了桥墩上。除了把拱形设计成支撑，也有把拱形设计成悬梁，通过绳索拉住桥面，把桥面的力通过拉索传到拱形悬梁，再传递到固定两边的桥桩上，如图 4.7 澳大利亚悉尼大桥。

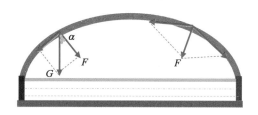

图 4.6　拱桥受力示意图

图 4.7　澳大利亚悉尼大桥

拉索结构

　　拱形设计由于其更大的抗压性，不仅用在桥面上，也用在屋顶上以及很多其他地方。不过现代技术的发展，一方面过桥的车辆速度更快更密集，对桥面的压力更大，另一方面材料的性能更好，所以斜拉索式的桥也是设计的热门。

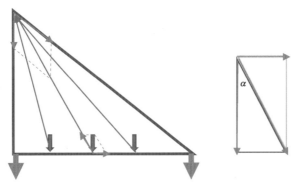

图 4.8　斜拉受力示意图

　　斜拉桥又称斜张桥，主要由索塔、主梁、斜拉索组成。这种结构是将主梁用许多拉索直接拉在桥塔上的一种桥梁，由承压的塔、受拉的索和承弯的梁体组合起来的一种结构体系。其受力分析比较简单，绳索的拉力可直接分解成平衡桥梁受重的力和对桥面的拉力。经过计算可以找到一个最优的索塔高度。事实上，这种结构可看作是拉索代替支墩的多跨弹性支承连续梁。其可使梁体内弯矩减小，降低建筑高度，减轻了结构重量，节省了材料。我们也可以从受力图看出，斜拉索与索塔的角度 α 越大，重力转到斜索的力越大。所以索塔需要建得比较高来减少拉索的拉力，而拉高索塔就会增加成本。位居上海的杨浦大桥就是一个典型的例子。

图 4.9　平塘特大桥

　　平塘特大桥位处贵州平塘，为三塔双索面云合梁斜拉桥，全长2 135 米，桥宽 30.2 米，最高桥塔为 332 米，是同类桥塔中的世界第一，有"天空之桥"美称。

建筑振动和防灾

> 不知谁人暗相报，訇然振动如雷霆。
>
> ——唐·韩愈

建筑的防震减灾是个不容忽视的大问题。我们先复习一下**动量守恒定律**：

动量 $t=t_2$	—	动量 $t=t_1$	=	外力产生的冲量 $t_1<t<t_2$

和**胡克定律**

> 　　固体材料受力之后，材料中的应力与应变（单位变形量）之间成线性关系。

在工程中常常要考虑振动对建筑的影响，这不仅是因为大小地震常常发生，而且建筑物自身的应力也会产生振动。那么这些振动如何刻画呢？我们在这里考虑一个简单的情形。

考虑一根长为 L、两端固定的均匀杆，S 是杆的端面面积，ρ 为杆密度，杆长方向为 x 方向，$u(x,t)$ 表示在 x 处的截面在 t 时刻沿杆长方向的位移，杆的一段受到外力 $f(x,t)$，那么由胡克定律，在杆的任意点 x，有

$$\frac{N}{S}=E\varepsilon,$$

这里 N 是端面受力（假定在端面上是均匀的），N/S 为应力，E 为物体的劲度系数（也称为倔强系数，弹性系数），ε 为相对伸长。ε 也可以写成 $\varepsilon=\dfrac{\partial u}{\partial x}$。我们可以推出，由胡克定律和动量守恒定律，位移 u 所满足的微分方程为

$$\frac{\partial^2 u}{\partial t^2} - a^2 \frac{\partial^2 u}{\partial x^2} = \frac{f(x,\,t)}{\rho},$$

其中 $a^2 = E/\rho$。

这是一个波动方程，也就是说，杆的微小位移沿着杆以纵波形式传递。声音的传递也是纵波，地震波有横波和纵波两种形式传播。当建筑材料强度不够，而振动比较厉害时，建筑就可能会"散架"。通过数学和物理实验，我们可以算出建筑可以承受多大的振动。

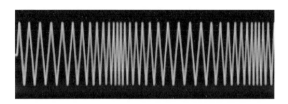

图 4.10　纵波示意图

如果参数 a 是常数，而且初始状态和初始冲量已知，即

$$u(x,\,0) = \varphi(x),\quad \frac{\partial u}{\partial t}(x,\,0) = \psi(x),$$

再加上边值条件：

$$u(0,\,t) = 0 = u(L,\,t) = 0,$$

则问题可以求解。我们可以用分离变量法来求解方程。通过对应的齐次问题分离变量，得到该问题的特征值和特征函数

$$\lambda_n = \left(\frac{n\pi}{L}\right)^2,\quad \Phi_n = B_n \sin\left(\frac{n\pi}{L}x\right),\quad n = 1,\ 2,\ \cdots$$

将 $u(x,\,t)$，$\varphi(x)$，$\psi(x)$ 和 $f(x,\,t)$ 在 $[0,\,L]$ 上关于 $\left\{\sin\left(\frac{n\pi}{L}x\right)\right\}$ 进行傅里叶展开，得到

$$u(x,\,t) = \sum_{n=1}^{\infty} A_n(t) \sin\left(\frac{n\pi}{L}x\right),$$

$$\varphi(x) = \sum_{n=1}^{\infty} \varphi_n \sin\left(\frac{n\pi}{L}x\right) ,$$

$$\psi(x) = \sum_{n=1}^{\infty} \psi_n \sin\left(\frac{n\pi}{L}x\right) ,$$

$$f(x,\ t) = \sum_{n=1}^{\infty} f_n(t) \sin\left(\frac{n\pi}{L}x\right) ,$$

代入原方程，可得 u 的解：

$$u(x,\ t) = \sum_{n=1}^{\infty} \left[\varphi_n \cos\left(\frac{n\pi a}{L}t\right) + \frac{L}{n\pi a}\psi_n \sin\left(\frac{n\pi a}{L}t\right) + F_n \right] \sin\left(\frac{n\pi}{L}x\right) ,$$

这里 F_n 待定，这个解可化成：

$$u(x,\ t) = \sum_{n=1}^{\infty} \left[\sqrt{\varphi_n + \frac{\psi_n}{\omega_n}} \sin(\omega_n t + \theta_n) + F_n \right] \sin\left(\frac{n\pi}{L}x\right) ,$$

这里 $\omega_n = \dfrac{an\pi}{L}$，$\theta_n = \arcsin\dfrac{\varphi_n}{\sqrt{\varphi_n + \dfrac{\psi_n}{\omega_n}}}$，$F_n = \dfrac{1}{\omega_n \rho}\displaystyle\int_0^t f_n(\tau)\sin[\omega_n(t-\tau)]\ \mathrm{d}\tau$。

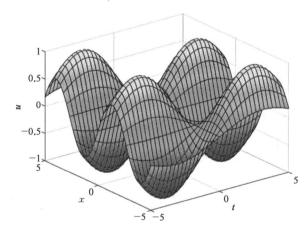

图 4.11　振动行波特例 $u(x,\ t) = \sin(0.5t)\sin(1.2x)$ 图像

特别，通过这个解，我们看看"共振"现象。当 f 等于一个特定振动时，杆的振幅会大到不可控。事实上，设

$$f(x, \ t) = \sin(\gamma t),$$

则通过计算得

$$F_n = -\frac{[1-(-1)^n]}{2n\pi\,\omega_n\,\rho}\cos(\gamma t)\left[\frac{\gamma}{(\gamma-\omega_n)(\gamma+\omega_n)}\right],$$

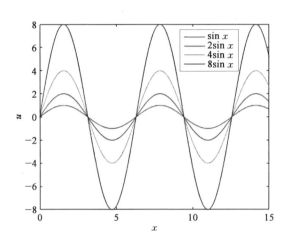

图 4.12　对某奇数 n，$(\gamma-\omega_n)$ 接近使得 $\sin x$ 的
振幅为 1，2，4，8 时的振动情形

　　我们发现当 γ 非常接近某个奇数 n 的 ω_n（称为固有频率）时，u 的振幅可能在某点某时刻趋于无穷，这就是共振的发生。我们看到共振的原外力并不一定很大，但只要其振动频率"碰巧"和物体本振动的某个简谐固有频率"相符"，灾难就会发生，而且其破坏力之大可想而知！在历史上也有这样的惨痛教训。19 世纪初，一队拿破仑士兵喊着口令、步伐一致地通过一座大桥。当队伍快走到桥中间时，桥梁突然发生强烈的振动并且最终导致其坍塌，使得许多官兵和市民纷纷落水丧生。后经调查，这次惨剧的罪魁祸首正是共振！事实上，部队士兵齐步走时，产生的频率恰好与大桥的固有频率一致，导致共振，其振幅超过了桥梁的抗压承受时，桥就断裂了。类似的事件早期还时有发生，远不止这一桩。于是，后来军队都有一条规定：大队人马过桥时，都要改

齐步走为随步走。而在工程设计中就要考虑尽量避免共振的情况发生。

当然，主要对建筑物振动破坏的来源是地震。地震时常发生，在此灾害调查中可以发现，95%以上的人命伤亡都是因为建筑物受损或倒塌所引致的。所以如何在建筑中考虑抗震是非常重要的，特别是在多地震地区对建筑进行抗震减震设计，从工程上建造经得起强震的建筑以减少灾害是最直接、最有效的方法。具体措施有加强地基、在结构中安装消能器（阻尼器）等。

世界各国在减震抗震方面都各有奇招，如美国在硅谷建了"滚珠大楼"，在建筑物每根柱子或墙体下安装不锈钢滚珠，由滚珠支撑整个建筑，纵横交错的钢梁把建筑物同地基紧紧地固定起来，发生地震时，富有弹性的钢梁会自动伸缩，于是大楼在滚珠上会轻微地前后滑动，可以大大减弱地震的破坏力。而日本在东京建了12座"弹性建筑"。这些建筑经东京发生的里氏6.6级地震考验，证明在减轻地震灾害方面效果显著。这种弹性建筑物建在隔离体上，隔离体由分层橡硬钢板组和阻尼器组成，建筑

图 4.13 东京的弹性建筑

结构不直接与地面接触。阻尼器由螺旋钢板组成，以减缓上下的颠簸。

建筑的环保设计和系统控制

随意春芳歇，王孙自可留。

——唐·王维

房屋不仅提供人类各种活动，也消耗着资源能源。在今天双碳运动中，如何合理设计房屋，尽可能利用自然因素，循环使用自然资源，节省能源也成为建筑领域一个异军突起的新课题。而且在环保的意义下，房屋的电、水、供热、通风、控温、排污是一个系统问题，优化控制这个系统是个很复杂的数学问题。这些方面我们已取得了很多成就，举例来说，近几年发展迅速的房屋太阳能利用就是建筑与节能的完美体现。光电变换满足如下**能量守恒定律**：

> 能量既不能凭空产生，也不能凭空消灭，它只能从一种形式转化为另一种形式，或者从一个物体转移到另一个物体，在转移和转化的过程中，能量的总量不变。

太阳能是一种可再生能源，可以转换成方便的电能加以使用。目前一般用作发电或者为热水器提供能源。尽管人类利用太阳能的历史悠久，但大规模有组织通过房屋的利用太阳能还是近几年的事情，并俨然成为一种重要的补充性清洁能源。如技术上有种暴露在阳光下便会产生直流电的发电装置叫光伏板组件。它可以制成不同形状，而组件又可连接，以产生更多的能量。天台及建筑物表面均可使用光伏板组件，甚至被用作窗户、天窗或遮蔽装置的一部分，这些光伏设施通常被称为附设于建筑物的光伏系统。在这里，光能的采集、储存和转换过程需要大量的数学计算。2023 年 2 月，《中华人民共和国 2022 年国民经济和社会发展统计公报》发布，2022 全年太阳能电池（光伏电池）产量 3.4 亿千瓦，增长 46.8%。并网太阳能发电装机容量 39 261 万千瓦，增长 28.1%。

图 4.14   上海世博会展示的概念环保建筑

图 4.15   加拿大 UBC 大学环保大楼

第五章

建筑的优化和黄金比例

四面垂杨十里荷，问云何处最花多。

——宋·苏轼

我们在第一章里已经领教了蜜蜂制造的正六边形等面积最优周长的蜂巢。在建筑中还有很多这样的最优问题，而数学是处理最优问题的最好工具。在这一章里，我们再看几个最优以及和最优有关的黄金比例的例子。

几何形状的优化

试问诸公，本来模样，如何形状。

——宋·无名氏

早在公元前 500 年，古希腊人在讨论建筑美学中就已发现了长方形长与宽的最佳比例约为 1.618，并称其为黄金分割比。这个方法至今在优选法中仍得到广泛应用。在微积分出现以前，已有许多学者开始研究用数学方法解决最优化问题。例如古希腊人就已几乎证明：给定周长，圆所包围的面积为最大。这就是欧洲古代城堡几乎都建成圆形的原因。但是最优化方法真正形成为科学方法则在 17 世纪以后。17 世纪，牛顿和莱布尼茨在他们所创建的微积分中，提出求解具有多个自变量的实值函数的最大值和最小值的方法。以后又进一步讨论具有未知函数的函数极值，从而形成变分法。这一时期的最优化方法可以称为古典最优化方法。另一方面，20 世纪初，随着数学在现代管理和决策方面的应用，研究线性约束条件下线性目标函数的多变量极值问题的数学理论和方法异军突起，形成了线性规划的分支，在优化问题占有重要一席。优化问题最主要的是要找到要建模问题的三要素：即该问题的优化目标、控制变量和限制条件，然后通过生活常识、物理定律、经验公式等方法建立这些元素之间的关系，这就是建模过程。在这个过程中控制变量往往可设为问题的自变量，而优化目标就是对应这个自变量的函数，限制条件就是实现优化目标时自变量的范围。

对于建筑中的优化问题，先看一个古代著名的等周长问题，记载在古希腊诗人维吉尔（Virgil）的诗中关于黛朵（Dido）的传说：

> At last they landed, where from far your eyes,
>
> 最后他们登陆在那视线所达的极致，
>
> May view the turrets of new Carthage rise;
>
> 可见新迦太基的塔楼的升起；
>
> There bought a space of ground, which Byrsa call'd,
>
> 在那里他们买下了自己的空间，
>
> From the bull's hide they first inclos'd, and wall'd.
>
> 是他们第一次用牛皮圈起来的土地。
>
> ［埃涅阿斯纪，英译德莱顿（J. Dryden）］

黛朵，提尔（Tyre）国王的女儿，在她的兄弟杀死她的丈夫后离家逃走来到非洲大陆，在那里她可以购买她能用牛皮圈起来的所有的土地。于是她将牛皮切成了细条连起来，但马上面临着一个数学问题，牛皮条是有限长的，圈成什么形状，才能使圈成的土地面积最大？古希腊的数学家芝诺多罗斯（Zenodorus）基本上给出了等周长中圆面积最大的证明。不过严格的数学证明是后来的事了，证明的方法也多种多样。这里我们先看一个简单问题：等周长的矩形什么情况下面积最大？然后再用比较复杂的变分法证明黛朵问题。

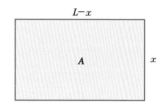

图 5.1 定周长矩形面积计算示意图

对于矩形问题，我们先进行分析。这里的目标函数是面积。因为已经限定了形状是矩形，所以不一样的只有矩形的形状，而这完全由边长所决定，所以控制变量就是边长。矩形有两个边长，我们分别称它们为长边和短边。由于周长给定，所以能调整的只有长边或短边。不妨设矩形的周长为 $2L$，短边为 x，面积为 A。用矩形面积公式，可得

$$A = x(L - x),$$

通过初等数学的配方法，将面积公式重写为：

$$A = -\left(x - \frac{L}{2}\right)^2 + \frac{L^2}{4},$$

观察公式，我们看到 A 有两项，第一项是个平方项，系数为负，所以是一项非正项；第二项是一个常数项，无论我们怎么控制变量 x，都不会对这项产生影响。那我们就控制变量 x，使其第一项的值最大，而最大的值就是 0。我们还要观察一下，控制变量 x 能在什么范围里变动。事实上由于 x 是短边，所以其变化范围为 0 与 $L/2$ 之间，即 $x \in [0, L/2]$。什么时候 A 的表达式的第一项为 0 呢，很明显，只有当 $x = L/2$ 时。此时长边也为 $L/2$，这时面积为

$$A_{\max} = \frac{L^2}{4},$$

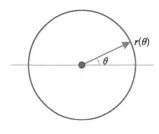

图 5.2　定周长圆面积
　　　　示意图

从而我们得到结论：等周长的矩形中，正方形面积最大。

我们也可以用微积分的方法求 A 关于 L 的导数并令其为 0，然后求最大值点，也得到同样结果。

现在我们用变分的方法来证明同样周长的封闭图形，圆的面积最大。设容许函数集合：

$$R = \{ r(\theta) \mid r \in C^1(0, 2\pi), \quad r \geqslant 0, \quad r(0) = r(2\pi) \},$$

由 $r(\theta)$ 围成的面积为

$$A[r(\theta)] = \frac{1}{2} \int_0^{2\pi} r^2(\theta) d\theta,$$

限制条件是周长为常数，假设为 L，即

$$B[r(\theta)] = \int_0^{2\pi} r(\theta) d\theta = L,$$

我们要找一个特殊函数 $r^*(\theta)$ 在限制条件下使得

$$A[r^*(\theta)] = \max_{r \in R} A[r(\theta)],$$

事实上，用变分法，任取常数 α，λ，以及 $\eta \in R$，令泛函的拉格朗日算子

$$F[a] = A[r^*(\theta) + \alpha\eta(\theta)] + \lambda\{B[r^*(\theta) + \alpha\eta(\theta)] - L\},$$

则

$$\left. \frac{\partial F}{\partial \alpha} \right|_{\alpha=0} = \int_0^{2\pi} [r^*(\theta) + \lambda] \eta(\theta) d\theta = 0, \qquad \left. \frac{\partial F}{\partial \lambda} \right|_{\alpha=0} = \int_0^{2\pi} r^*(\theta) d\theta - L = 0,$$

从第一个等式 $\eta(\theta)$ 的任意性得 $r^*(\theta) + \lambda = 0$，再由第二个等式得 $\lambda = -L/2\pi$，即围成最大面积的径向函数 r 只能是常数 $L/2\pi$，换句话

说这就是半径为 $L/2\pi$ 的圆。

建筑管理的优化

> 晨兴理荒秽，带月荷锄归。
>
> ——晋·陶渊明

在建筑方面，最优不仅用于建筑形状上，更重要的是用于建筑过程的人员和材料的调配、风险管理、时间安排等运筹规划问题。事实上，建筑过程是一个非常复杂的系统问题。例如光是控制成本这一块就很让人头疼。尽管雇用了最好的项目团队，但大多数大型项目都超出预算。

然而关于管理，实际上是一个相当复杂的数学问题，把它写成数学模型有时候变量可达成千上万个，不过有了计算机的帮助，建模后数学规划问题有望解决。近来很多人工神经网络也加入项目管理，通过项目规模、合同类型等因素建立预测模型，并通过实际生产中的数据实时调整时间表。除了清楚知道变量关系的"白箱"模型，还有只知部分变量关系的"灰箱"模型，甚至还有完全不清楚变量关系的"黑箱"模型。

当然项目管理已经成为一门专门的学科。在这里，我们只看两个简单的建筑的例子来说明处理这类问题的思路。

例 1 俗话说"罗马不是一天建成的"，那么如何调动资源，尽快建成罗马呢？建罗马有两部分消耗，一部分消耗人力，另一部分消耗物力。那么在人力物力有限的情况下，能完成最多的工作，就能在最短的时间里建成罗马。

假设建罗马要耗人工与资金的比例是 3 小时：4 两黄金；限制是每天人工 2 000 小时，黄金 800 两。假定每天投入人工和资金分别为 x 和 y；目标函数是每天完成的工作 G。根据分析，问题的目标函数为

$$\max G = 3x + 4y,$$

限制条件为 $x \leqslant 1\,000$，$y \leqslant 800$，非负限制为 x_A，x_B，y_A，$y_B \geqslant 0$。这个问题比较简单，我们可以用图形法来解决。

如图 5.3，G 的最大点就是直线 $G = 3x + 4y$ 滑到容许区域的最远顶点，此时 $G = 6.2$（单位）。这就是在容许范围内每天能完成建罗马的最大工作量。

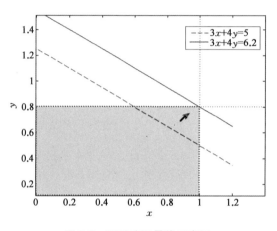

图 5.3　罗马建设最优示意图

当然这是个简单问题，变量只有两个，可以用图解法。但如果变量多了，就要解代数方程组，也可以让计算机"代劳"。

例2　从罗马回到今天。如果一个建筑公司考虑一个生活小区项目，如何根据公司的条件，开发多大规模的小区才是公司的最优选择？

这里我们要引进一个概念叫边际成本。假定成本函数 $C(x)$ 表示建 x 栋楼所需要的费用，则边际成本指的是函数 $C(x)$ 关于 x 的导数 $C'(x)$。换句话说，边际成本 $C'(x)$ 是成本曲线在 $(x, C(x))$ 点切线的斜率。对一个项目来说，平均成本函数为 $c(x) = \dfrac{C(x)}{x}$，这表示建了 x 栋楼，每栋楼的成本。对 $c(x)$ 求导得，$c'(x) = \dfrac{xC'(x) - C(x)}{x^2}$，其

在 $C'(x) = \dfrac{C(x)}{x} = c(x)$ 时为零。检查一下，$c(0) = \infty$ ，因此如果平均成本有最小值，那么边际成本等于平均成本。

具体到本例，公司估算成本函数是个凹函数

$$C(x) = 10\,000 + 10x + 100x^2,$$

那么边际成本和平均成本分别为

$$C'(x) = 200x + 10, \qquad c(x) = \dfrac{10\,000}{x} + 10 + 100x,$$

这两者要相等，可以求得 $x = 10$。也就是说，这个小区建设的规模为 10 栋楼为最宜。

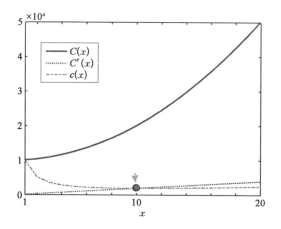

图 5.4　公司小区项目成本边际函数示意图

极小曲面

在建筑中用到不少弹性材料，现在我们考虑一个极小曲面的问题，即将一块弹性膜周边固定，那么面积最小的形状是什么样的？进一步，在重力的作用下，弹性膜会平衡到一个什么状态？

在数学中，极小曲面是指平均曲率为零的曲面。例如满足某些约束条件的面积为最小的曲面。一个实例可以是孩子们都会玩的游戏：用一个钢丝圈沾了肥皂液后在钢丝圈上形成的肥皂泡，其表面薄膜称为皂液膜，这是满足重力条件和钢丝圈形状的肥皂泡表面积的极小曲面。

这里我们就来推导一下这个极小曲面。考虑平面上的有界区域 Ω，假定钢丝圈是定义在边界 $\partial\Omega$ 上的空间封闭曲线，其参数方程为：

$$\begin{cases} x = x(s), & x(0) = x(s_0), \\ y = y(s), & y(0) = y(s_0), \quad 0 \leqslant s \leqslant s_0, \\ u = \varphi(s), & \varphi(0) = \varphi(s_0), \end{cases}$$

求一张覆盖在该封闭曲线 φ 上并以该封闭曲线为边界的曲面 S，使得 S 的表面积最小。

考虑所有满足限制条件的曲面所组成的集合（也叫允许函数类）

$$M_\varphi = \{u \mid u \text{ 在 } \Omega \text{ 上一阶导数连续，且 } u|_{\partial\Omega} = \varphi\},$$

现在要求膜的位移函数 $u \in M_\varphi$ 使得

$$J(u) = \min_{v \in M_\varphi} J(v), \quad \text{这里 } J(v) = \iint_\Omega \sqrt{1 + v_x^2 + v_y^2}\,\mathrm{d}x\mathrm{d}y,$$

我们称 $J(v)$ 是定义在函数集合 M_φ 上的泛函，而 u 则是这个泛函在 M_φ 达到的极小值"点"，也就是我们要求的极小曲面。这样的极值问题称为变分问题。

这个极小点就是我们要找的极小曲面。现在我们来求这个极小点。任取 $v \in M_0$，这里 $M_0 = M_\varphi|_{\varphi=0}$，以及 $\varepsilon \in (-\infty, \infty)$，使得 $u + \varepsilon v \in M_\varphi$，$j(\varepsilon) = J(u + \varepsilon v)$，则它是个定义在实数轴上的可微函数，且 $j(\varepsilon) \geqslant j(0)$，换句话说，$j(\varepsilon)$ 在 $\varepsilon = 0$ 达到极小值，从而

$$j'(0) = 0,$$

计算

$$j'(\varepsilon) = \iint_\Omega \frac{(u+\varepsilon v)_x v_x + (u+\varepsilon v)_y v_y}{\sqrt{1+(u+\varepsilon v)_x^2 + (u+\varepsilon v)_y^2}} \mathrm{d}x\mathrm{d}y,$$

让 $\varepsilon = 0$，有

$$\iint_\Omega \frac{u_x v_x + u_y v_y}{\sqrt{1+u_x^2+u_y^2}}\mathrm{d}x\mathrm{d}y = 0,$$

如果 u 足够光滑，由格林公式，得

$$-\iint_\Omega \left[\frac{\partial}{\partial x}\left(\frac{u_x}{\sqrt{1+u_x^2+u_y^2}}\right) + \frac{\partial}{\partial y}\left(\frac{u_y}{\sqrt{1+u_x^2+u_y^2}}\right)\right] v\mathrm{d}x\mathrm{d}y + \int_{\partial\Omega}\frac{v}{\sqrt{1+u_x^2+u_y^2}}\frac{\partial}{\partial n}\mathrm{d}S = 0,$$

由于 v 在 $\partial\Omega$ 上为 0，最后一个积分为 0，再由 v 的任意性，我们有

$$\frac{\partial}{\partial x}\left(\frac{u_x}{\sqrt{1+u_x^2+u_y^2}}\right) + \frac{\partial}{\partial y}\left(\frac{u_y}{\sqrt{1+u_x^2+u_y^2}}\right) = 0,$$

这个方程称为欧拉方程。换种形式方程可写成

$$(1+u_y^2)u_{xx} - 2u_x u_y u_{xy} + (1+u_x^2)u_{yy} = 0,$$

这表明极小曲面一定满足欧拉方程和零边界条件。再计算一下

$$j''(\varepsilon) = \iint_\Omega \frac{v_x^2 + v_y^2 + [v_y(u+\varepsilon v)_x - v_x(u+\varepsilon v)_y]^2}{\sqrt{[1+(u+\varepsilon v)_x^2 + (u+\varepsilon v)_y^2]^3}}\mathrm{d}x\mathrm{d}y \geqslant 0,$$

这说明 $\varepsilon = 0$ 的确是极小值。

欧拉方程是非线性方程，如果膜在钢丝圈上绷得很紧，$|u_x|$ 和 $|u_y|$ 相比 1 很小，可以忽略，则可以近似地说，肥皂膜的极小曲面就是满足下面的所谓拉普拉斯方程

$$\Delta u := u_{xx} + u_{yy} = 0$$

的第一边值问题的解。特别地，如果钢丝圈就是个二维 (x,y) 平面上的闭曲线，则解就是 $u = 0$，即极小曲面就是平面。这也与常识相符。

当然，以我们的实际经验，在钢丝圈上沾了肥皂沫，端起来后，肥

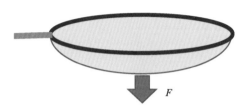

图 5.5　钢丝圈肥皂膜示意图

皂沫会往下弯曲，这是因为它受到地心引力。这样考虑了外力的因素，膜在一定时间后会达到平衡，并在没有其他力作用的情形下，保持这个状态，我们把这个状态称为平衡态。物理中有个**最小势能原理**，是说

> 受外力作用的弹性体，在满足已知边界位移约束的所有可能位移中，以达到平衡状态的位移使得该物体的总势能最小。

根据弹性力学理论

| 总势能 | = | 应变能 | − | 外力做功 |

即总势能等于外力做功是弹性体变形所产生的能量。

现在我们要找的是总势能最小的曲面。事实上，和前面用变分方法推导的面积最小的曲面相似，现在我们考虑在同样钢丝圈假定的边界限制约束条件下的曲面泛函，这次泛函表示的是在允许集 M_φ 上定义总势能，这个总势能包括应变能和重力做功。其中应变能与由于变形所产生的面积的增量成正比，即

$$J_1(v) = E\iint_\Omega \left(\sqrt{1 + v_x^2 + v_y^2} - 1 \right) \mathrm{d}x\mathrm{d}y$$

$$= E\iint_\Omega \left(\frac{v_x^2 + v_y^2}{\sqrt{1 + v_x^2 + v_y^2} + 1} \right) \mathrm{d}x\mathrm{d}y$$

$$\approx \frac{E}{2} \iint_\Omega (v_x^2 + v_y^2) \mathrm{d}x\mathrm{d}y,$$

这里，E 是比例常数，物理意义是弹性模系数，同上，假定 $|u_x|$ 和 $|u_y|$ 相比 1 很小。而外力所做的功为两部分，分别是作用在膜内的 F 和边界上的 P：

$$J_2(v) = \iint_\Omega F(x, y)v(x, y)\mathrm{d}x\mathrm{d}y + \int_{\partial\Omega} P(s)\mathrm{d}s,$$

于是总势能 $\bar{J}(v)$ 为

$$\bar{J}(v) = \frac{E}{2}\iint_\Omega (v_x^2 + v_y^2)\mathrm{d}x\mathrm{d}y - \iint_\Omega F(x, y)v(x, y)\mathrm{d}x\mathrm{d}y - \int_{\partial\Omega} P(s)\mathrm{d}s,$$

我们要找 $u \in M_\varphi$，使得

$$\bar{J}(u) = \min_{v \in M_\varphi} \bar{J}(v),$$

和上面同样的方法定义 $\bar{j}(\varepsilon)$，并计算 $\bar{j}'(0) = 0$，得到 u 所满足的方程的第一边值问题：

$$-E\Delta u = F, \ \text{且} \ u\,|_{\partial\Omega} = \varphi,$$

特别地，当钢丝圈是一个二维平面上圆心在原点、半径为 R 的圆，F 是重力，$\varphi = 0$，则问题的解在极坐标 (ρ, θ) 下为

$$u(\rho, \theta) = \frac{1}{4\pi}\int_0^R r\mathrm{d}r\int_0^{2\pi} \ln\frac{\rho^2 r^2 + a^4 - 2r\rho a^2\cos(\theta - \alpha)}{r^2 + \rho^2 - 2r\rho\cos(\theta - \alpha)} F(r, \alpha)\mathrm{d}\alpha,$$

这里 $a^2 = \rho\rho^*$，ρ^* 是 ρ 关于钢丝圈圆的镜像点。

建筑的黄金比例

> 惊回首，离天三尺三。
>
> ——现代·毛泽东

所谓的黄金比例是指将整体分为两部分后这两部分的一个特殊比例，这个比例使得较大部分与整体部分的比值等于较小部分与较大部分的比值。古希腊欧几里得的《几何原本》是最早有关黄金分割的论著。这个比例后来更被天文学家开普勒称为神圣比例。多年来，这个

比例被公认为是最能引起美感的比例。从古希腊起，人们就有意无意地应用这个比例进行建筑。

根据定义，黄金比例满足：

$$\frac{\text{整体长度}}{\text{较长分段的长度}} = \frac{\text{较长分段的长度}}{\text{较短分段的长度}},$$

如果用 a 表示较长分段的长度，b 表示较短分段的长度，注意到整体长度 $= a + b$，如示意图：

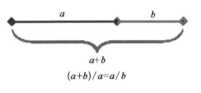

图 5.6　黄金比例示意图

如果记较长分段比较短分段 a/b 为 u，较短分段比较长分段 b/a 为 v，那么 $uv = 1$，我们从上面的式子可以推出：

$$u^2 - u - 1 = 0,$$

而用一元二次方程的求解方法，易得解 $u = (1 \pm \sqrt{5})/2$。同样，

$$v^2 + v - 1 = 0,$$

这个方程的根为 $v = (-1 \pm \sqrt{5})/2$。

u 和 v 互为倒数的两个解的根互为反号，而且两个正根之差的绝对值为 1，而且都是无理数，小数点后面相同，有无穷多位，近似数是 0.618，即两个根的绝对值的近似数分别为 1.618 和 0.618。这就是黄金分割比例值的来历。它近似于我们古代所说的一丈之三尺三。它还有更奇妙的表达方式如连分式：

$$\frac{1+\sqrt{5}}{2} = \cfrac{1}{\cfrac{1}{\cfrac{1}{1 + \cdots} + 1} + 1} + 1, \qquad \frac{-1+\sqrt{5}}{2} = \cfrac{1}{\cfrac{1}{\cfrac{1}{1 - \cdots} - 1} - 1} - 1,$$

以及连根式：

$$\frac{1+\sqrt{5}}{2} = \sqrt{1 + \sqrt{1 + \sqrt{1 + \sqrt{1 + \cdots}}}}, \qquad \frac{-1+\sqrt{5}}{2} = \sqrt{1 - \sqrt{1 - \sqrt{1 - \sqrt{1 - \cdots}}}}.$$

意大利数学家莱昂纳多·比萨诺（Leonardo Pisano，1170—1250），更为人知的名字是斐波那契（Fibonacci），他发现了由递推定义的每项等于前两项之和的著名的斐波那契数列：

1，1，2，3，5，8，13，21，34，55，89，144，

233，377，610，987，1597，2584，4181，6765，

10946，17711，28657，46368，…

这个神奇的数列相邻两项后前相除所得的商随着项数的增大将趋近于 $(1 + \sqrt{5})/2$。斐波那契数列因此被称为黄金分割数列。

斐波那契数列是自然数的数列，通项公式却是含无理数的公式：

$$a_n = \frac{1}{\sqrt{5}} \left[\left(\frac{1 + \sqrt{5}}{2} \right)^n - \left(\frac{1 - \sqrt{5}}{2} \right)^n \right]。$$

斐波那契是这么描绘这个数列的：他养着一只神奇的兔子，这种兔子一个月后长大，再过一个月就会产下一只小兔……如果这些兔子既不死亡，也不转手，以后每个月他有多少只兔子？容易推算，如果记 F_n 为第 n 个月的兔子数，则其满足

$$F_1 = F_2 = 1, \quad F_{n+1} = F_n + F_{n-1}, \quad n \geqslant 2,$$

这些神奇的兔子的增长正是按斐波那契数列走。当然，如果斐波那契离开这个世界时不把这些兔子带走，那么，现在的天下将是兔子的天下。

再来看，斐波那契数列之平方的部分和是：

$1+1=2=1 \times 2$，

$1+1+4=6=2 \times 3$，

$1+1+4+9=15=3 \times 5$，

$1+1+4+9+25=40=5 \times 8$，

$1+1+4+9+25+64=104=8 \times 13$，

……

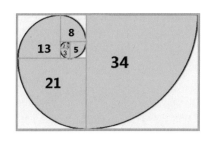

图 5.7　斐波那契螺线示意图

居然得到了斐波那契数列前后两数乘积！太神奇了！这个结果就隐含在左面被称为黄金矩形的图形中。

　　沿着黄金矩形的对角走，我们得到了一条漂亮的螺线，这条螺线也叫对数螺线（也叫等角螺线）。

　　古代遗留下来的大量建筑的长宽比很多满足黄金分割比例，最典型的例子就是雅典的帕特农神庙遗址。这座神庙原是古希腊女神雅典娜的神庙，但几经天灾人祸的浩劫，现在只剩下了一个空壳。但即便这个空壳，也宣示着黄金分割比例。

图 5.8　雅典帕特农神庙遗址

　　巴黎圣母院、胡夫金字塔、纽约联合国大楼、印度泰姬陵和埃菲尔铁塔等世界著名建筑都具有黄金分割的"身材"。

　　就拿印度的泰姬陵来说，它穆斯林风格的穹顶和主体的比例、门窗的布局无不满足黄金分割比例，让人感觉庄严、平衡而优雅。泰姬

图 5.9　印度泰姬陵

陵全称为"泰姬·玛哈尔（Taj Mahal）"，是一座用白色大理石建成的巨大陵墓清真寺，是莫卧儿皇帝沙·贾汗（S. M. Shah Jahan）为纪念爱妃泰姬于 1631 至 1653 年而建。位于距新德里 200 多公里外的阿格拉（Agra）。由殿堂、钟楼、尖塔、水池等构成，全部用纯白色大理石建筑，用玻璃、玛瑙镶嵌，具有极高的艺术价值。这座建筑被誉为印度穆斯林艺术的"完美建筑"，是"印度明珠"。

图 5.10　泰姬陵主体建筑的黄金比例示意图

　　屹立在上海黄浦江畔的广播电视塔东方明珠塔是上海的一颗明珠，也是上海的标志性文化景观之一。该建筑于 1991 年 7 月兴建，1995 年 5 月投入使用，承担上海 6 套无线电视发射业务，地区覆盖半径 80 公里。塔内有太空舱、旋转餐厅、上海城市历史发展陈列馆等景观和设施，1995 年被列入上海十大新景观之一。塔身高达 468 米，仿佛一把长剑，刺破青天锷未残。电视塔一般都是瘦高个，为避免造型的单调和登高观光的需求，东方明珠被装置了上球体、下球体和顶球太空舱，有大珠小珠落玉盘的意境。而上球体安在 250 米至 295 米之处，与塔身之比约为 0.618，形成黄金比例。底座主部、下球、上球和顶球的直径分别为 80 米、50 米、45 米和 16 米，底座主部和下球的直径比也接近黄金比例，这些都使得整个塔体协调、美观。

图 5.11   上海东方明珠塔

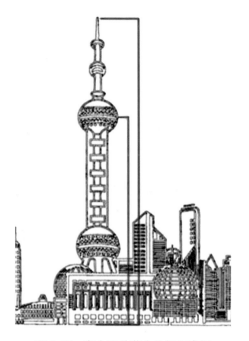

图 5.12　东方明珠黄金比例示意图

建筑的黄金分布

> 乾坤分布派春秋。进九六添抽。
>
> ——元·王吉昌

黄金分割不仅用于单个建筑物的设计，在整体建筑群的布置上也常常可以看到，例如故宫的设计。

故宫中轴线上有众多的门，这些"门"的设置含有空间上的阶段意义，也使"侯门深似海"的视觉效果达到了极致。俯瞰紫禁城，中轴线上"门"及其他宫殿建筑的排列并不等距，疏密不同的间隔，可以产生出韵律感。从天安门至午门，一道狭长的空间，中间以端门相隔。端门的位置近天安门而远午门，并不取中。两段距离之比约 0.692，接近于黄金分割律。端门至午门，午门至太和门的距离比，大约为 17 比 8。再向前，午门、太和门、太和殿三点排列，太和门约略处于前后等距的位置上。然而，太和门前，五座内金水桥并列于中轴线上，起到分割线段的作用。内金水桥的位置偏近于午门，在午门与太和门之间形成黄金分割。同时，以这五座桥与太和门的距离来比较太和门至太和殿的距离，也会获得一个接近于黄金分割的数值。

图 5.13　故宫三大殿（太和、中和、保和）模型
（同济大学博物馆）

紫禁城内，几乎所有建筑都运用了黄金分割，同时整个紫禁城的结构也符合黄金分割。从大明门到景山的距离是 2.5 公里，而从大明门到太和殿的庭院中心是 1.504 5 公里，两者的比值为 0.618，正好与黄金分割律相同。这些表现说明人们对美的追求有共同成分，说明了黄金分割的天然性。

如果说故宫是皇权的象征，其布局满足黄金比例，那么中国民间艺术的瑰宝园林艺术也不遑多让。我们就分析一下苏州园林的代表作拙政园。

拙政园位于苏州城东北隅，是目前苏州现存的最大的古典园林，占地 78 亩。全园以水为中心，山水萦绕，厅榭精美，花木繁茂，具有浓郁的江南水乡特色。

图 5.14　拙政园入口

拙政园的远香堂与雪香云蔚亭构成拙政园中部园区的南北轴线，考察这条主要轴线上建筑物和园林小品的体量比例关系，可以发现它们符合黄金比例。这正是从水面观赏这一主轴线时园林景观呈现在我们眼中的构图特征。

园林中曲线优美的长廊及其周期花纹的墙窗既不重复又显示中国特色，有一种形式多变又有统一内涵的中国风，其中可以找到很多黄金比例。

从园林整体布局来看，也能找到构图审美与黄金分割的对应吻合之处。整个园区以水为美，沿岸与黄金螺旋线相叠合，形成和谐宜人的景观。

图 5.15　拙政园的长廊和墙窗

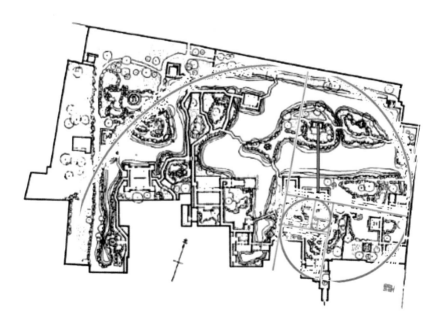

图 5.16　拙政园平面图

第六章

现代建筑、参数化设计和人工智能

天公亦戏人，奇幻惊倏忽。

——宋·傅察

由于计算机的发展，给了建筑设计师越来越大的实际空间。原来说建筑设计师和工程师是天生的"死对头"，常常为了实际方案争论不休，因为他们看待同一个方案的角度不同，最后的结果是他们争吵后互相妥协的结果。但计算机计算能力的不断提高，可以大大扩展设计师们的空间，使得工程师们有能力更大限度地满足设计师的奇思妙想，甚至惊为天作。这样一来，我们越来越多地看到了很多奇葩的建筑。

世博会

四年一次的世博会除了文化、科技的展示，还有现代建筑概念的展示。每个国家馆的展览和外观设计都是一次国家实力的展现，所以在世博会上我们可以看到许多新奇的、未来的和概念的建筑。这里就举几个近水楼台的上海世博会比较数学的例子。尽管已过去若干年，当时的前卫概念现在又有了新的替代，不过我们还是可以从中领略一二。世博会后，留下了一轴四馆（世博轴、中国馆、主题馆、世博文化中心及世博中心），大多数其他馆都已被拆除，它们的风采只能在照片里欣赏。这本书提到的建筑除了第五章锥台设计的中国馆、抛物面穹顶的世博文化中心、三角设计的马来西亚馆和第一章谈到的仿生壳造型的航空馆外，还有如下。

上海世博会英国馆是一个独特的建筑，彰显了英国在创意和创新方面的成就。世博会的国家馆一般突出介绍该国的历史文化以及现代成就，但由于空间限制，一个展馆很难面面俱到。英国馆就选取了一个角度，以独特的视觉效果展示英国在物种保护方面居于全球领导地位，以及英国在开发面向未来的可持续发展城市方面发挥的重要作用。英国馆的设计是一个开放式公园，展区核心"种子圣殿"向外部生长出六万余根伸展的触须包围着展馆。白天，每根包含着一颗种子的触须会像光纤那样传导光线来提供内部照明，而通过光纤传导进来的光

图 6.1　上海世博会英国馆

变成了一片星空，凸显出生物多样性的理念和充满现代感的空间，而晚上这些管子发出变换的光彩营造出梦幻的氛围。但在数学上，这样的设计活脱脱是一个分形的表达。

　　德国展馆四面呈开放状，其建筑设计是"浮起来的不规则多面体"，主体由四个头重脚轻、变形剧烈、连成整体却轻盈稳固的不规则几何体构成，给人以既规矩又飘逸的感觉。展馆的四大建筑主体悬架于和谐都市展厅入口所在的底层区域。内部设计也别具风格，一路参观就像走迷宫，要穿过不同的空间、隧道、空地和院落。

图 6.2　上海世博会德国馆

　　由钢铁立柱悬空支撑起的圆弧形的沙特馆主体建筑外观是一艘高悬于空中的巨船——月亮船，它隐喻着"丝路宝船"。乘上这艘船，回头可望见一千多年前中国与阿拉伯世界之间"海上丝绸之路"的兴盛场景。顶层树影婆娑，充满沙漠风情的空中花园演绎来自沙漠的绿洲。

　　现代城市因为千姿百态的现代建筑，越长越高，越长越妙。上海世博会盛世馆里的现代城市模型可以看到我们今天生活的城市的一个缩

图 6.3   上海世博会沙特阿拉伯馆

图 6.4   上海世博会城市馆现代城市模型

影。正是因为有了现代建筑，上海世博会才可以让其主题"城市，让生活更美好"有了更深的含义。

建筑模型

所谓模型，就是指为了某个特定的目的将所要研究的实际对象（即原型）的一部分相关信息简缩、提炼、抽象出来而忽略其他特性所构成的原型的代替物。例如，玩具、照片、航模、沙盘等是实物模型，风洞、失重舱、人工地震装置等是物理模型，而地图、电路图、分子式则是符号模型。对同一个实际对象，为了不同目和不同要求就会形成不同形式和不同层次的模型，甚至可以得到完全不同的模型。数学模型不考虑研究对象的外在特性而注重其变化规律及其定量的描述方式。总之，数学模型是为一个特定的目的，对一个特定对象，在必要的假定下，运用适当的数学工具，根据其内在规律和相关关系，所得到的数学结构。而建筑模型就是将建筑外观或结构的特征构造出来而不考虑建筑的内在功能。用数学的话说模型就是原型的某种特征。建筑模型在设计中尤为重要。

建筑模型本身的历史很长，出土文物中就有陶屋。

图 6.5　出土的曲尺形古陶屋（同济大学博物馆）

孩子们喜欢搭的积木也是模型。

图 6.6   积木

建筑结构可以通过模型清晰地表达出来。

图 6.7   榫卯结构建筑模型（同济大学博物馆）

图 6.8　建筑内外结构模型（清华大学艺术博物馆）

　　模型可以是单个建筑，也可以是建筑群组。下图这个建筑模型由不同的矩形块构成，错落有致，跌宕起伏，别有风格。

图 6.9　建筑模型（清华大学艺术博物馆）

图 6.10   同济大学校园里的建筑模型

现代的 3D 打印技术使得做建筑模型越来越便利，后面我们还会进一步讨论。

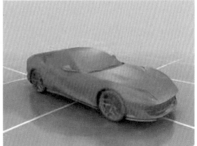

图 6.11   3D 打印模型

参数化设计

参数化设计是将工程本身编写为函数与过程，通过修改初始条件并经计算机计算得到工程结果的设计过程。工程计算本来是一个很复杂的过程，建筑设计是建立在这个过程上的。以往的工程由于工具和技术的限制，往往直接拷贝现成的结果，所以设计风格单调，例如，一座几十层高的公寓大楼，每层的格局完全是一模一样的，极度缺乏个性。对那些新的设计，也是先设计后计算，有时为了安全，不得不改设计，改了一点图纸就要重新算一遍。在计算机不发达的年代，那真是费时费力，常常让设计师和工程师发疯。但其实计算的数学方程是差不多的，主要差别在于方程的参数和初边条件。所以所谓的参数设计，就是建立了参数之间的关联关系并给出一个友好界面（如参数输入、构建选择、预设风格等）让设计者输入，后台的计算机立刻根据输入信息进行计算并显示计算结果，设计师几乎立刻就可以看到设计效果。这样就大大加快了设计速度。而且根据这个结果和 3D 打印机的帮助，很方便地做出模型。当设计师改动参数时，相应的数据包括视图、标记、图纸、文档都相应改动，这样参数设计给了设计师更大的设计空间，这就是我们今天可以看到各种各样奇形怪状的新建筑的原因。

要实现参数化设计，参数化模型的建立是关键。这个模型构建了元素之间和整体的约束关系，这些约束包括：从几何元素和关系中抽象出来的几何约束，从工程受力等其他方面抽象出来的工程约束等。约束关系的获取来自专家系统的推理机制。在参数化设计系统中，根据工程关系和几何关系来指定设计要求。要满足这些要求，不仅需要考虑尺寸或工程参数，而且要在每次改变这些数据时来维护这些基本关系。而参数分为两类：一为各种尺寸值，称为可变参数；二为元素间约束，称为不变参数。参数化设计的本质是在可变参数的作用下，系统

图 6.12   英国巴特西奥电站设计图模型（清华大学艺术博物馆）

能够自动维护所有的不变参数。这些参数和约束之间满足一组方程；参数化设计中的建模方法主要有变量几何法和基于结构生成历程的方法，前者主要用于平面模型的建立，而后者更适合于三维或曲面模型。

参数化设计背后支撑的是数学建模和计算机算法。参数化设计是在变量化设计思想产生以后出现的，变量化设计一词是美国麻省理工学院戈萨德（D. Gossard）教授于 20 世纪 80 年代初提出的，他采用非线性约束方程组的联立求解，设定初值后用牛顿迭代法精化，这种方法通用性强，约束方程不限，除了几何约束以外还可加入力学、材料学、动力学等约束条件。后来发展到在多个可行解中寻求最优解。戈萨德的思想直到 1987 年底 PARAMETRIC-TECHNOLOGY 公司推出了以参数化、变量化、特征设计为基础的新一代实体造型软件后，变量设计才在 CAD 界推广并成了新的标准，并开发出商业软件。方法上不断更新发展完善，解决了许多技术难题，就形成了今天的参数化设计。

当然，参数设计并非是简单地颠覆横平竖直的方盒子而标新立异，本质上是为了迎合人类的自然属性，以满足人类从简单的物质追求上升到精神追求的需求。当我们厌倦了模式化的生活方式、千人一面的行为举止、同质化的城市格局、抄袭复制的空间形态时，就越来越需要返璞归真，回顺自然，追求个性化的存在、拥有生活和生命的意义。AI 就给了设计师在把握大的方向与规律的前提下，让设计的结果千变万化。参数化设计可以大大提高模型的生成和修改的速度，在产品设计及专用 CAD（Computer-aided Design）系统开发，特别是建筑领域方面的应用都具有很大的价值和前景。

常用的参数化设计 CAD 软件中，主流的应用软件是四大软件：Pro/Engineer、UGNX、CATIA 和 Solidworks。它们各有特点并在不同的领域分享市场蛋糕。

图 6.13 印度安得拉邦高级法院剖面模型（清华大学艺术博物馆）

3D 打印

现代计算机技术的发展，将建筑带到了一个全新的领地。于是很多设计师们不再是画图纸，而是写程序，因为建筑有了一个非常强大的工具"3D打印机"。

3D打印是指一类快速成型技术，又称增材制造。它以数字模型文件为基础，运用粉末状金属或塑料等可黏合材料，通过逐层打印的方式来构造物体。这项技术通常通过数字技术材料的机器来实现，非常像我们用惯了在纸面上打印的普通打印机，所以俗称这类机器叫3D打印机。普通打印机可以打印电脑设计的平面物品，而3D打印机与普通打印机工作原理基本相同，分层加工的过程与喷墨打印十分相似，只是打印材料和成型过程不同。普通打印机的材料是墨水和纸张，而3D打印机使用的是实实在在的原材料，如金属、陶瓷、塑料、尼龙、石膏、橡胶、砂子等。打印机与电脑连接后，通过电脑控制可以把"打印材料"一层层叠加起来，最终把计算机上的蓝图变成实物。3D打印机的外观五花八门，很多像个箱子。

3D打印机可以"打印"出真实的三维物体，如机器人、汽车、各种形状的模型、生物的器官，甚至是可穿的服装和可吃的食物等。

2019年1月，由上海建工园林集团、机施集团等设计建造的3D打印多维曲面的高分子材料的景观桥投放于上海普陀区桃浦中央绿地。这是国内首座3D打印景观桥，桥的设计巧妙地融入了传统书法中的"常行于所当行，常止于不可不止"理念，力求营造自由变幻、富于动态序列的桥体形态，展现整体性强且韵律变化的曲面外观。桥的"打印"用了在一种高分子材料ASA中加入一定比例的玻璃纤维的材料，这种材料具备高耐候性、高弹性模量、高屈服强度和高抗冲击强度等特点，且能承受长期的日晒雨淋，同时满足3D打印材料和建筑材料的要求。

3D打印技术开始时在模具制造、工业设计等领域被用于制造模型，后来逐渐用于某些产品的直接制造，而且打印出来的零部件已经真正地用于实际。现在该技术在珠宝、工业设计、汽车、航空航天、牙科、医疗、教育等众多领域都有所应用。当然它在建筑领域已经崭露头角，已经打印出实际应用的桥梁和简房。可以预见在不远的将来，

图 6.14　3D 打印桥

图 6.15　3D 打印的默比乌斯建筑

更多建筑物将通过设计师之手的程序直接打印出来。

　　2020 年 5 月 5 日，中国首飞成功的长征五号 B 运载火箭上搭载着"3D 打印机"。这是中国首次太空 3D 打印实验，也是国际上第一次在太空中开展连续纤维增强复合材料的 3D 打印实验。

　　尽管 3D 打印技术还有许多问题，离大规模应用还有一定距离，但这项数学直接参与建筑的技术正以其不可思议的潜力改变着我们的未来生活。

人工智能

人工智能是今天的一个热门话题，人工智能，英文缩写为 AI。它指的是研究、开发用于模拟、延伸和扩展人的智能的理论、方法、技术及应用系统的一门新的技术科学。狭义地说，人工智能是计算机科学的一个分支，背后支撑的理论是数学。目标是研究、模拟和生产出一种新的能以人类智能相似的方式做出反应的智能机器，使之能够胜任并高效完成一些通常需要人类智能才能做的复杂工作，包括各种目的的自动机器人、语言识别、图像识别、自然语言处理和专家系统等，而且这个范围越来越广。

那么在建筑领域，人工智能能取代哪些工作呢？想象有点科幻，也许有一天，我们想盖一栋建筑，告诉电脑并附上要求，电脑先啪啪啪吐出一堆方案，我们挑中一个。然后一群机器人或者数台 3D 打印机就出发到预定地点忙起来，哗哗哗，一会儿一栋建筑就立起来等着人类验收了！会是这样吗？

这个远景很美好，但实际离这个目标还有一定距离，但不妨碍人工智能已经在很多方面进入了建筑领域。

如果说建筑设计也是一种设计，那么在这个领域，计算机的参与越来越深入，目前 AI 的作用是正面的，完全还没有看出 AI 驱赶人类的迹象，AI 只是起到辅助作用。人工智能在辅助设计中已经成为建筑设计师的强有力的工具，前面的参数化设计已经为此做了分析讨论。除了参数化设计，还有生成式设计（Generative Design）。这个概念是个比较新的概念，还没有一个明确的定义，但有不同的解释。有一点肯定的，那就是计算机深入地参与了设计方案。这里，我们列举几种关于生成式设计的解释：

◆ 生成式设计不是关于建筑本身的设计，而是设计建造建筑的
系统。

◆ 生成式设计系统的目标是创造新的设计流程。这个流程通过开
发当前计算机技术和制造能力，生产空间上合理、高效且可制
造的设计。

◆ 它的一个基本形态、样式，或物体自发的，由算法改良成不同
版本。其结果是获得无穷多的、随机的、关于初始解决方案的
其他改良版本（各版本方案被限制在设计师）。

另外，人工智能在对设计的安全性监督、电气和管道系统的布线
等工作中也大有可为。

前面说到的自动机器工人现在部分地实现。有些公司开始提供自
动驾驶建筑机械，例如浇筑混凝土、砌砖、焊接和拆除。挖掘和准备
工作由自动或半自动推土机完成，可以在人类程序员的帮助下准备工
作现场以确定规格。另外很多建筑部件可依赖于由自动机器人组成的
非现场工厂，这些机器人将建筑物的组件拼凑在一起提供给现场装配。
一些固定的组件如墙可以通过自动机械完成装配线。如上可见一些小
的工程已经可以由3D打印机完成了。

总之，今天的人工智能已深入建筑领域，它已经成为建筑师、设
计师和工人的有力助手，但还远没有完全或大部取代人类的工作。

本章结束前考虑最后一个问题，人类将来会不会受控于计算机？
这是一个很热门很深刻的哲学问题，也远没有结论。但目前或短期的
未来还不会有这个忧虑，AI在复杂的人类创作活动中还是充当着助手
作用。如果计算机要想超越人类，就首先要像读棋谱那样读懂人类所
有的思维，这点人类自己都不清楚，目前的技术也远做不到这点。

第七章

建筑大师和他们的数学作品

须凭巧匠勤雕琢，凡圣皆由心所作。

——元·梵琦

　　数学和建筑的结合从有建筑开始就密不可分。中国古代的鲁班就被称为中国工匠的鼻祖，留下了大量的数学含金量很高的建筑工艺。人们熟知的西方艺术大师达·芬奇不仅给世界留下了旷世的绘画作品，而且留下了一部神秘的手稿，在这部手稿上，不仅有建筑的设计也有对数学问题的思考。但今天的建筑设计师们走得更远，他们的作品甚至充满着许多现代数学的理念。

　　历史上，长达数千年期间，人类都认为平直的欧几里得几何是天然的、唯一真实的几何。直到爱因斯坦创建了广义相对论，人类才意识到原来自然时空是弯曲的，黎曼几何才是世界的真实图景。在传统建筑行业，尽管简单几何形状被大量应用，但几乎所有横梁、立柱、平墙、方窗和建筑表面的设计都是平直的，高斯曲率几乎处处为零。这意味着传统建筑基本上属于欧几里得几何。但建筑学家们一直在试图突破这点，其中成功者并不多，特别是在计算机还没有成为建筑计算工具的年代。但也有极少数天才的设计突破了零曲率几何，例如高迪（A. Gaudi）。在今天计算机的时代，建筑学家的设计舞台更为宽阔，使得很多建筑从不可能成为可能。其中扎哈首先勇敢挑战禁区，使用黎曼几何进行建筑设计。从这个角度而言，扎哈使社会理解了建筑艺术世界是怎样诠释弯曲而美丽的黎曼几何。

在这一节，我们通过扎哈等几位设计大师的作品，一探数学艺术之美。最后再欣赏几个数学建筑。

达·芬奇

建筑设计是立体几何和艺术的融合，达·芬奇在他留下的手稿里也多次出现他的建筑设计图，这些图充满着数学理念。他还用他手稿特有的镜像意大利文对这些设计做了解释。

图 7.1 是达·芬奇设计的著名的无支撑拱形桥，即自然弯曲的桥体加上相关力学的知识运用，使得大桥能够稳稳地扎根在河面上。拱形受压时会把这个力传给相邻的部分抵住拱足散发的力，就可以承受更大的压力。所以拱形所能承受的力量更重。应用这个原理以及力学和数学的计算使达·芬奇表示他有信心成功搭建这样的桥梁。

在图 7.2 的设计中，达·芬奇应用数学中的中心对称和次对称原理，教堂由 8 个次圆围成一个大圆。而每个次圆也是由 8 个小圆围成，像是多层相似性，叠起的结果构成一个圆锥形。

高迪

安东尼奥·高迪（Antonio Gaudi，1852—1926），出生于西班牙，塑性建筑流派的代表人物，属于现代主义建筑风格。高迪一生设计过很多作品，主要有古埃尔公园、米拉公寓、巴特罗公寓、圣家族大教堂等，其中有 17 项被西班牙列为国家级文物，7 项被联合国教科文组织列为世界文化遗产。高迪最有名的作品当属西班牙建了 100 多年也没

图 7.1   达·芬奇无支撑桥梁的设计（《大西洋古抄本》）

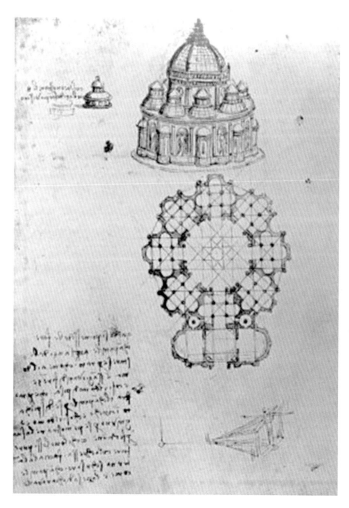

图 7.2　达·芬奇设计的教堂（《艾仕本罕手稿》）

图 7.3　高迪

建完、好像永远也建不完的圣家族大教堂。圣家族大教堂（Basílica i Temple Expiatori de la Sagrada Família），简称圣家堂（Sagrada Família），是位于西班牙加泰罗尼亚巴塞罗那的一座罗马天主教大型教堂。尽管教堂还未竣工，但已被联合国教科文组织选为世界遗产。2010 年 11 月，教皇本笃十六世将教堂封为宗座圣殿。

圣家族大教堂始建于 1882 年，1883 年之后高迪接手工程，融入自己的哥特式和新艺术运动建筑风格，将他的晚年投入了教堂建设。直至他 73 岁去世时，教堂仅建了不到四分之一。之后，教堂仅靠个人捐赠和门票维系，又受内战干扰，建设进展缓慢，时断时续，至今未成。圣家族大教堂的建设长年来饱受争议。有人质疑高迪本身的设计，也有人怀疑高迪后的建设有违背高迪的初衷，还有现代的高速铁路地下隧道的建设可能会影响其稳定性等。但不妨碍它以特立独行的方式，还带着脚手架，成了巴塞罗那的地标性建筑。当然，个中原因绝不仅于此。人们问这个教堂建了一百多年，为什么总也建不完？当地人一笑，建完了，还有想象的空间吗？然而，这却更像诠释了微积分无限逼近的理念。

高迪的建筑作品常有令人惊艳的元素，利用包括来自自然和人体曲线的元素，有些甚至是恐怖的，但这些都不妨碍浪漫的西班牙人乐居其中，也让去西班牙巴塞罗那的游客们欣赏令人惊悚的美。这里数第一的就是巴特罗之家（Casa Batlló）。这个建筑是高迪 1905—1907 年对原建筑进行翻修改造的蓝色童话之家。其内部设计也秉承了高迪一贯的自然韵律波浪形风格。巴特罗之家隐藏着一个加泰罗尼亚地区的传说：一位美丽的公主被龙困在城堡里，加泰罗尼亚的英雄圣乔治为了救公主与龙展开搏斗，并用剑屠龙，使龙的血变成了一朵鲜红的玫瑰

图 7.4　圣家族大教堂

花，圣乔治把它献给了公主。高迪的灵感让房子的每一个设计响应这
个传说。十字架形的烟囱代表英雄，楼道里扶手的皇冠是公主的象征。
形态怪异的窗户像巨龙的血盆大口，白色的窗台像面具又像獠牙，客
厅外面的立柱子采用人骨形状，鳞片状拱起的屋顶是巨龙的脊背，镶
嵌彩饰的拼贴玻璃，在阳光照耀下很梦幻，但到了晚上，里面的灯光
会使人感觉整个建筑像一群群骷髅。还有螺形楼梯，碎瓷马赛克拼贴，
来自海洋生物的螺旋状、海星状、水滴状、鱼鳃状、气泡状的花纹的
各种家具，还有整个天井出于采光考虑从底层到天台、从白色到钴蓝
的渐变，甚至电梯外面那波纹玻璃的围栏等高迪印记，都让走在巴特
罗之家内部的游客恍若身处清凉的海洋世界。这座楼在 2004 年被授予

图 7.5　高迪设计的骷髅建筑巴特罗之家

欧洲文化遗产奖，2005 年入选世界文化遗产名录。

贝聿铭

　　贝聿铭（Ieoh Ming Pei，1917—2019），出生于广东广州，祖籍江苏苏州，美籍华裔建筑师，美国艺术与科学院院士，中国工程院外籍院士。贝聿铭于 20 世纪 30 年代赴美，先后在麻省理工学院和哈佛大学学习建筑学。美国建筑界宣布 1979 年为"贝聿铭年"。他曾获得 1979年美国建筑学会金奖、1981 年法国建筑学金奖、1989 年日本帝赏奖、1983 年第五届普利兹克奖及 1986 年里根总统颁予的自由奖章等，被誉

为"现代建筑最后的大师"。贝聿铭作品以公
共建筑、文教建筑为主，被归类为现代主义
建筑，代表作品有巴黎卢浮宫扩建工程、香
港中国银行大厦、苏州博物馆新馆等。他极
善于在设计对象中应用各种几何元素。

苏州博物馆创立于 1960 年，是地方综合
性博物馆。馆内文物 18 234 件/套，其中一级
品 222 件/套，以历年考古出土文物、明清书
画、工艺品见长。此外，它收藏有古籍善本
725 种 3 128 册，为全国古籍重点保护单位。

图 7.6　贝聿铭

苏州博物馆馆址太平天国忠王府为首批全国重点文物保护单位，是国
内保存至今最完整的一组太平天国历史建筑物。苏州博物馆新馆占地
面积约 10 700 平方米，建筑面积 19 000 余平方米，由世界的华人建筑
师贝聿铭设计，2006 年 10 月 6 日正式对外开放。加上老馆太平天国忠

图 7.7　苏州博物馆新馆正门的几何元素

王府，总建筑面积达 26 500 平方米，与毗邻的拙政园、狮子林等园林名胜呼应，形成苏州独特的文化长廊。

从苏州博物馆新馆我们可以看到，贝聿铭的设计充分利用了中国传统的对称元素。从正门来说，不仅中轴对称，而且利用门前的水池，实现影像对称。而几何元素处处可见：黄金矩形的墙，黄金三角的门楣，菱形和六角的窗户，在江南白墙青瓦加上现代玻璃通透的建筑特点衬托下，释放出简洁、大气又不失人文儒雅的气息。在博物馆内廷，贝聿铭充分利用"江南自然"符号——通过假山与池水来营造"山水"理念，强化江南水乡的特点，巧妙地应用了数学的"映射"理念。庭院由鹅卵石鱼塘、九曲桥、石头假山、几何八角亭、池塘荷叶和竹林等组成，有别于苏州传统园林，又不失中国人文气息和神韵，将自然和建筑巧妙地融合在一起。

图 7.8   苏州博物馆新馆内廷

贝聿铭的另一个杰作是卢浮宫重建后的入口设计。在对文化重镇卢浮宫的扩建工程中，如何将分散的各个楼房展厅联系起来，建一个枢纽中心并担当入口的功能，他巧妙地应用金字塔形象，使改建后的卢浮宫别具一格。金字塔既符合贝聿铭一贯的几何设计理念，又由于其形状打上了古埃及文化的烙印，所以也符合卢浮宫文物深厚的文化特点。为了采光的需求，整个金字塔的拱顶采用了透明的材质。虽然由于技术的原因，在古建筑里是看不到这种元素的，但整体的结构并不因此而感到突兀，相反是对古元素的现代注解，别有一番趣味。

图 7.9　法国卢浮宫入口

扎哈

扎哈·哈迪德（Zaha Hadid，1950—2016），出生于巴格达，伊拉克裔英国女建筑师。2004 年普利兹克建筑奖获奖者。她早年在黎巴嫩就读数学系，数学也就流淌在她的血液中，融进了她的骨髓里，荡漾在她的理念间。1972—1977 年她进入伦敦的建筑联盟学院学习建筑学，

图 7.10　扎哈·哈迪德

并获得其学位。她在其建筑设计生涯里，设计了许多惊艳的项目，她的作品线条流畅，造型独特，摆脱了传统的方盒子形象，让固定的建筑流起来，旋起来，在城市建筑群中非常夺人眼球。因此她被称为建筑界的"解构主义大师"。她对数学的最大贡献，就是大胆灵活地运用空间、建筑功能和几何结构将各种抽象的数学流形流线在空间实现，为人们惊叹。

她的名言是：

"我在伊拉克长大，数学是我日常生活的一部分。我们解决数学问题就如同用纸笔作画——数学就像是涂鸦。"

"我非常痴迷于抽象艺术，并且很渴望用抽象的表达打破传统建筑思维。"

扎哈的作品遍布全球，包括米兰的 170 米玻璃塔、蒙彼利埃摩天大厦以及迪拜舞蹈大厦，还有第二章提到的伦敦水上中心；仅在中国就留下了 10 多个建筑艺术作品，它们是：北京大兴国际机场、广州歌剧院、北京银河 SOHO、北京望京 SOHO、上海凌空 SOHO、北京丽泽 SOHO、南京青奥中心、香港香奈儿流动艺术展览厅、香港理工大学赛马会创新大厦、长沙梅溪湖国际文化艺术中心、澳门摩帕斯酒店、成都当代艺术中心、台北共生（Symbiotic）别墅、台湾淡江大桥。她的许多作品都显示了她的数学理念，充分地表达了数学的流形美。

望京和银河 SOHO 是扎哈的杰作。这两座融动的优美建筑群营造了流动和有机的内部空间，有机结合形成了流动的建筑景观。设计借鉴中国院落的思想，又突破了中国院落式的封闭，创造一个向外开放、

图 7.11 望京 SOHO

图 7.12 银河 SOHO

流动而不断更新的内在世界。这里，十足的现代感表明了其为 21 世纪的建筑的特征：这里，找不到刚硬的矩形街区及街区之间的隔离；这里通过圆润、柔美却有力量的几个集合，通过拉伸的天桥相互聚结、融合，创造了一个内在共同流动的形体，充分体现了"静"与"流"的数学境界以及"分"和"合"的哲学境界。

我们再来看她设计的澳门摩珀斯酒店。

图 7.13   澳门摩珀斯酒店

澳门摩珀斯酒店，又叫澳门新濠天地（City of Dreams-Morpheus Macao），这个酒店的外形简直就是拓扑学的教具。拓扑是研究几何图形或空间在连续改变形状后还能保持不变的一些性质的一个学科。它只考虑物体间的位置关系而不考虑它们的形状和大小，所以拓扑学又被称为橡皮膜的几何学。形象地说，拓扑研究可以将曲面拉伸挤压，扭转撕扯，但保证不撕破不粘连，变形后的曲面保持不变的性质就是拓扑不变。封闭曲面的拓扑复杂度主要是由所谓的"亏格"来决定，即"环柄"的个数。例如棍式面包（亏格为 0）就和面包圈（亏格为 1）不是同一个拓扑结构。

扎哈设计的澳门摩珀斯酒店的亏格高达 3。这个形状通过拓扑变换可以变成图 7.14 的有 3 个环柄的曲面。外部挺直的立体矩形结构给人稳定的感觉，而内部扭曲而倾斜的亏格拓扑给人以流畅的动感。内外不同的张力诠释了时间和空间的关系。

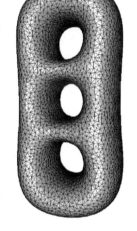

在数学计算中，我们常通过三角剖分将曲面分解成像三角马赛克的拼图来进行计算。一般建筑设计中，都把结构性的构建隐藏在建筑表面之下。但在扎哈的设计中，她按自己的美学标准突破俗见，把数学计算用到的三角剖分暴露在表面，完美地用三角剖分组合了数学和艺术之美。

图 7.14　亏格 3 的流形示意图

在沙特阿拉伯阿卜杜拉国王金融区地铁站的设计中，扎哈则用了一组正弦曲面，波动的曲面强烈地传达了动感。我们知道正弦波是波动的数学基本表达，在这个结合公路、天桥和地铁的交通枢纽上，这组正弦波让人的思绪和即将旅行的身躯一起飘向远方。

扎哈不仅在地铁站用正弦波，也在桥这个交通连线上用这个数学理念，比如图 7.16 所示。

迪拜歌剧院的设计也用到波的理念，也诠释流动的音乐，不过这次的造型也让人联想起沙漠那些随风而起的沙山和沙流，更具有地方特色，美不胜收。

图 7.15   沙特阿拉伯阿卜杜拉国王金融区地铁站

图 7.16   阿联酋阿布扎比谢赫·扎耶德大桥

图 7.17　迪拜歌剧院的设计图

　　伦敦科学博物馆数学展廊（Mathematics：The Winton Gallery）也是扎哈数学味十足的设计，真是名副其实。该项目获得了第 35 届 IALD 优异奖。

　　展廊里的展览突出了数学应用与人们生活的关系，展示了它在一些重要事件和历史文物设计中的中心作用，以及过去四百年来数学家们是如何利用数学的想法和工具逐步创造了当今的现代社会。展廊中有一百余件展品，都是从科学博物馆世界级的科学、技术、工程和数学藏品中挑选而出，向游客展示了数学根据人们的基本生活需求不断发展，又反过来塑造了人们生活的种种事件。数学涉及生活的方方面面，从贸易旅行到战争与和平，生与死以及形与美，都和数学有着密切关联。

　　在这个展厅里，流动空间固化了湍流，抽象的数学具体地呈现眼前，并挑战着人们的各种感官。大厅中有一架作为展品的飞机，设计的灵感也来自这架汉德利·佩奇（Handley Page）飞机。设计师根据航空工程中流体力学的偏微分方程画出了这架飞机飞行时机身周围的空气流线，并以此为中心进行展览主要布局。从展区位置、休息位置到中心舱体形成响应这些流线的被梦幻紫光衬托的三维曲面，让观众在特殊的空间体验里直观地感受到数学及其精神的存在。不仅如此，特别是，数学和艺术的关系在扎哈的设计中自然地宣泄畅流。

图 7.18   英国伦敦科学博物馆数学展廊

让人扼腕的是扎哈在她创造顶峰的时候被突发的心脏病夺去了生命。扎哈的绝唱是北京的大兴机场，而大兴机场的完工是在扎哈去世后。扎哈设计中最为标志性的本质特征是"永垂不朽的曲线"。在几何上对应着所谓的"叶状结构"。她设计的叶状结构流场无源无汇无旋，从数学上说就是散度为零，旋度为零。这种流场使得所谓的调和能量达到极小，因此是最为稳定而自然的流场。

航站楼的屋顶被两族曲线剖分，和谐优雅，流畅灵动。站在航站楼内部，仰望穹庐，星星的构型更加突兀明显。

图 7.19 北京大兴国际机场内部

图 7.20 北京大兴国际机场内部

说 明

图 1.1（Meggyn Pomerleau 摄）；图 1.3（Gavin Tang 摄）；图 1.4（Javier 摄）；图 1.8（Hong Jiang 摄）；图 1.13（9551453 摄）；图 1.22（Nicolas Picard 摄）；图 2.10（李建国摄）；图 2.12（Nicolas Weldingh 摄）；图 2.15（闫瑛摄）；图 2.24（Rachel Davis 摄）；图 2.25（Ed Robertson 摄）；图 2.26（李大毛没有猫摄）；图 2.29（Jason Yuen 摄）；图 2.30（Serge Le Strat 摄）；图 2.32（Felix Luo 摄）；图 2.33（来源：猫途鹰旅行网）；图 2.34（陈宇思摄）；图 2.41（Samuel Regan-Asante 摄）；图 2.43（Ramon Buçard 摄）；图 2.45（Lycheeart 摄）；图 2.50（Serge Kutuzov 摄）；图 3.10（姚逸华摄）；图 3.15（闫瑛摄）；图 3.26（周薇摄）；图 3.36（Nisarga Ekbote 摄）；图 3.41（Derek Goldberg 摄）；图 5.8（林树伟摄）；图 6.14（田廷彦摄）；图 7.4（闫瑛摄）；图 7.5（闫瑛摄）；图 7.11（ZQLee 摄）；图 7.12（Brusse 摄）

图 1.5，图 1.15—1.21，图 1.23—1.27，图 2.1—2.7，图 2.11，图 2.14，图 2.20，图 2.23，图 2.28，图 2.36，图 2.38，图 2.40，图 2.47，图 2.53，图 3.1—3.9，图 3.11，图 3.12，图 3.14，图 3.16—3.20，图 3.22—3.25，图 3.27—3.35，图 3.37—3.40，图 3.42—3.49，图 4.7，图 4.9，图 4.14，图 4.15，图 5.9，图 5.11，图 5.13—5.15，图 6.1—6.10，图 6.12，图 6.13，图 7.7—7.9，图 7.19，图 7.20（自摄）